U0158035

数学真好玩

〔意〕安娜 · 伽拉佐利 文

〔意〕罗伯托·卢西亚尼 图　段淳 译

南海出版公司

新经典文化股份有限公司
www.readinglife.com
出　品

目　录

第1课

数字的发源地

"爷爷，陪我一起去买牛奶嘛。"菲洛拉着爷爷的袖子央求着，妈妈给他的巧克力已经在嘴里开始融化了。

"什么？怎么了？要茶杯？"爷爷没听清楚，反问道，"我就在厨房，干吗还要去外面拿茶杯？"

"是牛奶！爷爷，不是茶杯！您快点儿嘛！"

在菲洛的催促下，爷爷急急忙忙地换上外衣，菲洛则继续大叫大嚷，话也没说清楚，就把爷爷推进了电梯。

"哦，是牛奶啊，我知道了！我的耳朵可一点都不背哟！"爷爷一边扣上衣的扣子，一边还不忘提醒菲洛。

爷爷是位退休多年的数学老师，大家看到这里就知道，他多少有点儿耳背。不过按照他自己的说法，这种"轻度重听"全是他教过的 4800 个学生造成的——在他任教的 40 年间，这些学生不断地举起手，扯着喉咙喊："老师，我听不懂，请再说一遍！"

每次提起这 40 年里教过的 4800 个学生，爷爷总是百感交集，眼角泛光，然后摘下眼镜，突然抛出一个问题："40 年教了 4800 个学生，那平均每年教多少个呢？"

　　没错！爷爷是爷爷，但更是老师，怎么都改不了爱提问题、考学生的习惯。其实对爷爷来说，时间已经停止在学校领导对他说"您已经到退休的年纪了，请回家好好享清福吧"那个苦涩的日子。但是，关于学校的种种回忆始终留在他的心底，因此到现在他还是改不了好为人师的习惯，结果我们一家人就得扮演爷爷的学生了。而且，光是家人还不够，有时爷爷还会对其他人发号施令。比如有一天，我们走进一家挤满了人的面包店，店里十分嘈杂，爷爷突然举起食指放到唇边，我正疑惑着，不知道他要做什么，就听到他用严肃的语气说："嘘……大家安静！"

　　所有人一齐转过头看着我们，没有一个人例外。当时我真想拔腿溜走，因为我知道，接下来爷爷就会说："来，大家都站好！"

　　在我们家，这两项要求总是一前一后出现的。

　　我的弟弟菲洛已经 8 岁了，他的大名叫菲利普，长得瘦巴巴的，有两颗像田鼠一样的大门牙，手上总是脏兮兮的，还沾着泥土或荧光笔的痕迹。爷爷给菲洛起了个绰号，叫"等等洗"，为什么呢？因为不管爸爸妈妈催多少次，让他去洗澡，他总是说："等等就去洗，等等就去洗……"可是，一个人怎么可能同时出现在两个地方呢？而这个"等等"似乎永远都无法完成，他总是拖到最后也没去洗澡。

爷爷和弟弟很合得来，他们俩经常守在厨房里，在灶台旁搅拌锅里的食物，做出色香味俱全、一级棒的饭菜。爷爷经历过战争，尝过饿肚子、没有东西可吃的滋味，因此他常常说，厨房是家里最温暖的地方。我们在外面隐隐约约可以听见他们边拿餐具边断断续续说话的声音。

除了想把菲洛训练成一位了不起的大厨之外，爷爷还有一个梦想，就是把菲洛培养成天才数学家。自从我告诉爷爷，比起科学，我更喜欢艺术之后，他似乎就放弃了我，不过那并不表示他不再教导我了，只要一有机会，他就会以一种特别的表情对我说："你可千万别忘了，数学也是一门艺术啊！"

那天早上，爷爷和菲洛从牛奶店回来之后，就待在厨房里吃早餐。我听见弟弟说话的声音，好像是说，有个人总是用一大堆零钱买牛奶。那个人叫穆罕默德，他每天都守在学校附近的路口，一看见有车子停下，就走上前去擦车窗来赚钱。

菲洛说："那个人是从哪儿来的啊？他说的好像是外语……"

身为一名优秀的老师，爷爷不管碰到什么问题，向来是有问必答的。他对弟弟说："穆罕默德是哪国人，我也不确定，但他一定是阿拉伯人。"

菲洛听了点了点头，爷爷又说："阿拉伯国家曾有过比意

大利还要繁荣的文明时代。"

说完，爷爷深深地叹了一口气。

这个时候，爷爷接下来会做些什么，我不用看也知道。他会做出一副一本正经的样子，不管是在做事，还是吃好吃的东西，都会暂时放在一边。没错，他又恢复了老师的本色。每当这时，我就会闭上眼睛，微笑地等待。用不了多久，爷爷就会讲起非常有趣的故事，希望把他心爱的学生引入充满魅力的数学世界中。

"其实啊……"哦，对了，以前爷爷的话也总是让我充满期待。"我们现在每天用来计算或是解决问题的数字就是阿拉伯人传授给我们的。在那之前，欧洲国家大都使用罗马数字，计算时非常麻烦。"说到这儿，爷爷干咳了几声，想必是在思考有没有什么简单易懂的例子可以列举。

"对了，就像做菜的时候，用柴火而不用煤气炉一样！来，我们详细说说。"

我猜这时候菲洛一定是手捧着茶杯，嘴巴张得大大的，直到故事进入高潮，才会把嘴里的食物咽下去。菲洛向来如此，一旦走上那条美丽而艰险的数学小径，就会忘记其他所有的事。

爷爷以前教的学生年龄都比菲洛大，所以他也犹豫过，不知道该教菲洛什么东西。不过菲洛虽然年纪小，却对图表之类的东西很感兴趣，总是目不转睛地看着爷爷，无论爷爷讲什么他都全部吸收，就像海绵似的。因此爷爷这位老师可以百分之百地确定他的小学生到底听懂了没有，然后继续往下讲。

爷爷常对我说："重点菲洛可都听懂了。"事实的确如此。

厨房里又传来爷爷的声音："葛拉兹老师教你的 1、2、3……10、11 这些数字，叫作自然数，是印度人发明的。其实，在自然数出现之前，人们已经掌握了表示数量的方法，就是罗马人发明的罗马数字，但就像我刚才说过的，与自然数相比，罗马数字确实没有什么特别的优点。

"公元 773 年，几位印度使节来到了当时阿拉伯帝国的首都巴格达，将一本用新的计数方法制作的天文历法书作为礼物献给了国王。国王见多识广，马上意识到这份礼物有多珍贵，于是立刻召集了全国一流的数学家，要他们在国内推广这种新的计数法。其中有一位优秀数学家，名叫阿尔·花拉子密。大约 70 年后，他写的两本书出版了，其中的一本就解释了这些印度数字的写法与计数方法。这本书深受商人们喜爱，因为只要能帮助他们赚钱，任何新东西他们都会迫不及待地接纳。结果，这些在地中海周边国家进行商品贸易的商人就将这种新方法传播开了。"

爷爷接着又提高音量说：

"这种印度计数法最大的受益人不是别人，正是阿尔·花拉子密本人。"

10

"为什么？因为他的书卖了很多钱吗？"菲洛好奇地问。

"不，他得到的东西比钱更有价值，这本书使他不朽。"

菲洛咽了下口水，惊讶地问道："就是说，他永远都不会死吗？就像超人那样……"

"不、不，不朽不是那个意思！"爷爷可能觉得自己说得太夸张了，立刻解释道，"嗯……举例来说……啊，对了，就像你妈妈的食谱。"爷爷从冰箱旁的置物架上取出了一本书，打开"热巧克力的做法"那一页。

"你看，这里一字一句地写着你最喜欢的热巧克力该怎么做。而对于应该怎么计算这个问题，我们也需要有一本像食谱一样的书作为指导。葛拉兹老师教的加减法运算就出自阿尔·花拉子密写的那本教人们计算的书。你记得吗？你妈妈和朋友聊天的时候，说她做通心粉参考的是阿尔道吉（意大利著名美食作家）的书。我们也可以这样说，做乘法或除法运算也都要参考阿尔·花拉子密的书。

"而他的名字——特别是当越来越多的外国人知道了之后——慢慢就被念成了'阿克里斯姆'，后来又变成了'阿葛利兹'，最后成了一个有特定意义的词——演算法（algorithm），被写入了词典中。也就是说，你看到的那个穷得帮人家擦车窗的人的祖先，留下的遗产至今还在影响我们每天的生活！"

如果是章鱼，就用八进制

十进制的起源

　　第二天，菲洛放学回来后显得精神饱满，眼睛闪闪发亮，不同于往常。每当菲洛心里藏着秘密但又不想让人知道、假装若无其事时，就会露出这种表情。不过，他总是很快就按捺不住，兴高采烈地把事情一五一十地说出来。

　　那天当然也不例外，午餐才吃到一半，他就从书包里把他的"秘密"小心翼翼地拿了出来。

　　"你们看，这是我的算盘！我和葛拉兹老师一起做的！"菲洛看上去好像是在对大家说话，可眼睛却只盯着爷爷。

　　爷爷听了，笑逐颜开地说："原来如此啊，难怪你饭吃得那么快！你做的东西越来越棒了！"他一边说一边高兴地搓着手。

　　菲洛朝爸爸妈妈使了个眼神，大伙只好提前结束了午餐。他和爷爷迫不及待地要开始他们的"算盘之旅"，弄得我们连饭也吃不好。当厨房里只剩下他们爷孙俩之后，他们赶紧收拾好餐桌，轻轻地把那个不太结实的算盘摆在桌上，两个人面对面坐着，就像要开始重要的比赛似的。

菲洛呼了一口气，说："爷爷，你知道吗？这个奇怪的工具可以让我们很快地做出加法运算，不管是三位数还是两位数都可以。方法很简单，我做给你看。"

菲洛的头发像平常一样乱糟糟的，他皱着眉头，认真地说道："算盘的每一档最多只能表示9，所以绝对不会忘记进位。葛拉兹老师说，算盘有很多种，算盘（abacus）这个词在古代印度语中，就是沙土的意思。葛拉兹老师还说，语言的背后经常隐藏着历史呢！"

话说到这儿，爷爷整个身子向前探，就像过去在高中教书时那样，手肘支在桌上，手指交握，目不转睛地盯着菲洛的眼睛。

菲洛看见爷爷对他的话这么感兴趣，心满意足地继续说："比如说，计算（calcolo）这个词，你知道它在古罗马是什么意思吗？它的意思是小石头。罗马人的算盘就像一张小桌子，不过上面没有算盘档，而是挖了许多槽，人们会在表示不同单位——有的表示百位数，有的表示十位数——的槽里放进小石子，计算这个词就是这么来的。"

爷爷满脸微笑地听着，心里一定在想，能记住这么难的词，还热切地说给爷爷听，真不愧是我的好孙子！

接着，爷爷便借着这个机会讲了一些关于计数法的有趣故事。这爷孙俩一旦进入数字的魔法世界，就会把其他的事完全抛在脑后。爷爷很聪明地把握住了自己的出场时机，开口问道："可是，为什么算盘的每一档只能表示 9 呢？这可是很重要的。印度人就是在使用算盘的过程中，发明了著名的十进制计数法。我们平常用十进制数计算觉得很自然，其实这种方法非常了不起，可以说是人类最伟大的发明之一。"

爷爷说完，站起身来，拿出一块小小的黑板，先写上"不够的东西"，接着在下面写出"油、罐装番茄酱、餐巾"，然后在黑板上写了"11"这个数字。

"这个数字读作十一，是由 1 个 10 和 1 个 1 组成的。这很简单，我们都知道，其他人也知道。就像葛拉兹老师说的，我们用的就是十进制数。

"数制是什么意思呢？就是说数字所在的位置决定了这个数字的值，这和罗马数字不同。举例来说，罗马数字中的'Ⅱ'是指两个1。

"在十进制中，每一个数字的值在不同的数位上是不同的。比如说，1在个位上表示1，在十位上表示10，在百位上表示100，在千位上就表示1000……"

说到这里，爷爷稍微停了一下，伸手搔了搔光溜溜的额头，好像在想什么事情。爷爷的头发不多，只有两鬓有些白发，似乎是在抗议岁月的无情流逝。

"10、10……为什么10这个数字会一再出现呢？就像每道意大利菜都会加欧芹一样……"说到这里，爷爷又停了下来，想看看菲洛会不会想到什么，结果弟弟立刻大声说："那很简单，因为10听起来最酷啊！"

"是吗？只是因为10最酷吗？"爷爷是位耐心十足、诲人不倦的老师，但听到这个答案似乎也不免有些失望，不过他马上又打起精神，"没错，10真的很酷！难怪连那个无人不知、无人不晓的伟大数学家毕达哥拉斯和他的弟子也把10作为他们学派的纹章呢。不过，10会变成十进制计数法的基础并不只是因为它很酷。你可要把耳朵掏干净，好好听清楚，我要说答案了。

"很久很久以前，牧羊人在把羊群赶回羊圈时，要数一数羊少了没有。牧羊人很可怜，连数学是什么都不知道，可是他

们还是得把羊数清楚。如果羊很少，总共不到 10 只，那可能扫一眼就知道数目对不对了，可是如果多于 10 只，他们就得好好想想该怎么数了。

"人的眼睛能够敏锐地把握风景或艺术作品的特点，却不善于分辨某种东西的数量。比如说，你上个星期天和朋友一起去远足了，对不对？那天朋友们穿的衣服、你们走过的地方或是吃的面包，你大概都记得很清楚吧。可是当天去了几个人，如果不数一数，你能立刻说出来吗？"

菲洛努力回想了一下，很快就放弃了。他发现，情况真的就像爷爷说的那样，他实在想不起来总共去了几个人了。

爷爷又拿起了记账用的小黑板，接着说：

"假设某个牧羊人有 132 只羊，他一边把羊赶进羊圈，一边用手指计算羊的数目，可是 10 根手指马上就用完了。他想了想，就拿起 1 颗小石头，打算用这颗小石头来代表 10 只羊。他把小石头放在一边，接着又用手指数了 10 只羊。最后，总共有 13 颗小石头，1 颗小石头就代表 10 只羊。

"剩下的两只羊没办法用小石头代表，于是，他用了另外两颗石头来表示。为了把这两颗石头和表示 10 只羊的小石头区别开，可以像下面的图一样，把它们分别放在不同的位置上。

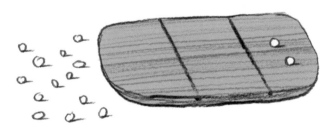

"同样，因为表示 10 的小石头有 13 颗，乍看之下算不清楚，还是得费工夫去数，因此牧羊人再用 10 根手指去数这 13

颗小石头，结果有 3 颗无法凑成一组，我们就把它们放到中间的格子里。把一颗表示有'10 个 10'的小石头放在最左边的那一格。"

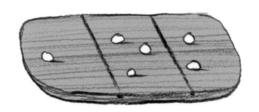

"爷爷，我终于知道为什么 10 会不断出现了！"菲洛张开手指，很得意地放开嗓门说，"那是因为我们有 10 根手指！"

"完全正确！"爷爷高兴地说，就这样结束了短暂的授课。最后，爷爷摘下眼镜，握住菲洛的手，菲洛也毫不在意自己手指上的墨渍和鼻头上的巧克力，高兴地紧紧回握住爷爷的手。

第**3**课

零的概念

吃点心的时候，菲洛和爷爷待在厨房。菲洛坐在凳子上，两只脚晃来晃去，爷爷拿了两个大苹果，正在削皮切片。切完以后，菲洛帮忙把切好的苹果摆在盘子上，爷爷又开始剥核桃。

"大功告成！苹果和核桃，最佳健康组合！"爷爷大声地说，"这是我们打仗时常吃的东西，真是好吃极了！"

菲洛没有催爷爷。当爷爷声音颤抖地说起战争时期的事情时，怎么能催他赶快讲别的呢？

"今天的点心有点软，黄油和其他配料加得太多了！"爷爷皱着眉头说。

爷爷有个老毛病，肚子一饿，就开始回忆往事。当他说到那时他们四处寻找食物却根本没法填饱肚子时，菲洛总是兴趣十足，听得入神，可惜最后爷爷总是会扯到营养之类正经八百的事情上。

有一次，妈妈发现，爷爷为了亲身体验战犯的生活有多悲惨，整整一天只吃面包、喝白水，气得责怪爷爷说："爸爸，我们现在又不是在打仗，怎么能像战时逃难那样生活呢？拜托您别再这样了。"

妈妈一说完，立刻发觉自己说得太过分了，于是马上向爷爷道歉，但那一天，爷爷到睡觉时一直都闷闷不乐。

吃完点心，菲洛又重新提起算盘的事，之前爷爷讲得实在太有趣了，所以他一直想知道更多有关算盘的故事。

"爷爷，火星人没有手，只有像小钳子一样的两根手指。你觉得他们会用跟我们一样的算盘吗？"

爷爷心想，哈！果然又来了！于是开口说："当然不一样喽。我想他们应该是用四进制计数法吧。火星人总共有 4 根手指，所以应该是每 4 个一堆，从 1、4、4 的 4 倍到 4 的 4 倍的 4 倍……依此类推。据说，有的非洲人注意到人还有脚趾，因此用 20 的 20 倍来计算呢。

"不光是这样。你的一些朋友不是法国人吗？他们在描述 80 的时候，会说它是 20 的 4 倍，这可能是因为以前的法国人……"

菲洛打断爷爷："那么，火星人算盘上的档应该比较短。"他的表情就像个满腹学问的博士一般，"而且每一档最多只能串 3 颗珠子，因为遇到要放 4 颗的时候，就要改放 1 颗到左边的档上！"

爷爷还没来得及称赞他，菲洛又继续说："发明了我们现在使用的计数法的那个印度人是什么样子呢？您觉得，我们是不是应该在公园为他立一座雕像呢？阿尔·花拉子密都可以不朽，为什么他不行呢？这太不公平了！"

爷爷笑了："因为我们根本不知道那个人的名字，这有两个原因。一是因为，这是很久很久以前的事，久到已经没办法证实了。印度有一本 1500 年以前写成的书，里面就提到了这种著名的计数法。至于第二个原因嘛，这种计数法并不是某个人某天早上起床时突然想到的，而是许多人借助直觉和思考，经过一点一滴的累积，才逐渐发现用手写比拨算盘要快，最终有了这个惊人发明的。

"所以，我看你只能放弃在公园立雕像的想法了，因为我们可没办法替所有为此付出了智慧的人立雕像啊……"

菲洛没再说什么，但从他的表情看得出，他已经认同了爷爷的说法。

　　"不过啊，"爷爷继续说，"最难的并不是用数字来表示每一档上的珠子数目。用来表示 1 到 9 的符号之前早就有了，虽然跟我们现在用的数字还不太一样，不过使用方式都是相同的。难的是当位于中间的档上没有珠子时应该怎样表示。我画给你看看。

　　"事实上，人们已经想出来的只是表示一定数量的符号，还不知道什么都没有要如何表示，所以还不能离开算盘，因为只有有了那根空档，我们才能了解 213 和 2013 有什么区别。

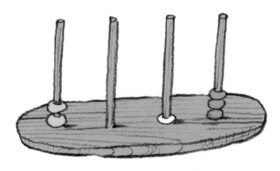

　　"有一天，终于有人想出了一个可以表示什么都没有的'空'的符号，就是一个小小的点。之后又经过数十年，这个点逐渐变大，最后成了现在的 0。印度人用梵文称这个表示空的词为'sunya'，阿拉伯人则称之为'sifr'，意思完全一样。

　　"到了中世纪，有一位住在意大利比萨的人写了一本书，在欧洲推广新的计数法，他叫斐波那契。斐波那契认为，

zefirus（意思是微弱的西风）这个词的读音很像 sifr，而且风就是空气，也就相当于什么都没有，因此决定称呼这个新的数字为 zefirus。但在意大利，不知道什么时候，这个词被改成了 zevero，最后变成了 zero（0）。"

"那么简单的一个数字背后竟然有这么长的故事！"菲洛说完，好像要给自己打气似的高声喊着，"zero！ zero！"

"你说得一点没错，可是到这里故事还没结束呢！从这个阿拉伯语的 sifr 开始，10 个表示数字的符号都有了名字，成为我们现在使用的数字，也就是数字的代表符号。"

"经过曲折的发展，我们借助 0 这个数字，终于摆脱了算盘。可是，也多亏那时候的算盘，人们才会想到根据数字所在的位置赋予它们确切的意义。"

通常说到这儿，爷爷又会像以前那样讲起另一堂让人听得

津津有味的数学课，可是今天菲洛也有话要说，因为葛拉兹老师给他讲了许多有关斐波那契的故事。

"他的名字叫莱奥纳多，跟伟大的画家达·芬奇同名。"弟弟先介绍了一下斐波那契的名字。

"葛拉兹老师说，斐波那契被称为'比萨的莱奥纳多'，他在 1202 年出版了一本书，名为《计算之书》。在阿尔·花拉子密去世近 400 年之后，计数法终于传到了欧洲。斐波那契的父亲博纳乔在阿尔及利亚经商，他是父亲的得力助手，于是学会了阿拉伯数字。"

"没错。"爷爷赞同地说，"阿拉伯人非常高兴地接受了这种计数法，但在欧洲，它却掀起了轩然大波。因为在当时，用算盘计算是很高深的技术，懂的人不多，因而成了一种非常高尚的职业，就像现在的会计师一样。这些人强烈反对使用这种简单易学的新计数法，结果出现了两个派别：一个是维护传统算盘的算盘派，一个是由阿尔·花拉子密的继承者组成的算法派，两派之间发生了前所未有的冲突。"

"不过，最后还是算法派赢了吧！太好了，为了斐波那契，我希望算法派赢。因为他是个好人，葛拉兹老师说，他还养了很多兔子呢！"

"哦？真的吗？"爷爷一脸难以置信的表情，"是养来吃的吗？"

"不，不，是用来数的！"菲洛立刻回答道。

聊了这么长时间，弟弟的注意力终于离开了数学，玩起了米老鼠玩具，爷爷则觉得为了数数而养兔子很有趣，微笑着注视了弟弟好一会儿。我想，这时爷爷一定在动脑筋，想着怎样好好利用这个脍炙人口的兔子故事了。

第 4 课

为什么要先乘除后加减

计算的规则

菲洛今天回到家，一脸认真的表情，似乎正在思考什么重大问题，妈妈才刚说"你回来啦"，他就忙不迭地开口道："在所有的同学里，只有我没有军服，虽然爸爸给我买了一件印着望远镜的连身衣，可是别人都有印着迷彩图案的裤子、衬衫、帽子……有的人还有迷彩铅笔盒。我真希望从明天起，也能像尼古拉一样，出门时从头到脚都是迷彩服。"

妈妈在拒绝之前，问了问原因。弟弟说，这样，当敌人从空中袭击的时候，躲在学校的树丛间才不会被发现。

"现在又没有战争，不会有这种危险的。"妈妈安抚弟弟说。

"可是，尼古拉的爸爸是宪兵，一定是有什么原因，他才会让自己的孩子穿迷彩服。尼古拉的爸爸一定是从哪里听到了秘密消息，知道我们可能会开战。"

"好吧。"妈妈终于认输了，当天下午就给菲洛买了一件全身总共有 15 个口袋的超酷迷彩马甲。不过，其实那件衣服只有 14 个口袋，但菲洛老毛病不改，总是忍不住要夸大事实，因此把缝在衣领上的防雨帽袋也算上了。

他兴高采烈地给我们展示他的装备，好像我们对打仗或游击战一无所知似的。

接着，菲洛又起劲儿地四处寻找作战的必备用品。他把自己抽屉里的东西全倒了出来，胡乱地翻找着，连爸爸的工具箱和妈妈的针线盒也不放过。

15 分钟之后，15 个口袋都装得鼓鼓的，光是马甲就重达 4 千克。菲洛心满意足地穿上马甲，打算开始做作业。因为心里只想着新衣服，注意力不集中，所以他怎么也算不出老师出的复杂计算题。说来也是，身上穿着心爱的衣服，要想全神贯注于眼前的数学符号，根本就不可能嘛，他的眼睛总是会不由自主地瞄向 15 个口袋中的一个。最后，菲洛决定搬救兵。

"爷爷，你来帮我嘛。如果能快点把作业做完，我就把马甲里藏着的秘密武器都给你看！"

爷爷早就坐在菲洛的旁边等着了，一来是想看看那件与众不同的马甲，另外，他心里也很想教教心爱的孙子。

$$1000 + 2500 \times 10$$

"爷爷，"菲洛的心情一下子轻松起来，说，"我正在做这道题。葛拉兹老师说，虽然乘法写在后面，可是要先做乘法。要这样算：

$$1000 + 25000 = 26000$$

"我真搞不懂，为什么运算还要排顺序呢？每一步运算不是都同样重要吗？"

"你说得没错，不过运算的确要排顺序，这可不是重不重要的问题。列算式是为了解出题目，要列出算式，只要把各个步骤按顺序写好就行了。比方说，利用一个算式就可以解答出下面这个问题：有一位老师在文具店买了 1 支价格为 1000 里拉的铅笔和 10 本单价为 2500 里拉的笔记本，请问总共要多少钱？要让运算顺序简单明了，可以这样写：

$4 \times (8+2)$

$31 \times (10+5)$

$(16+3) \times 8$

$5 \times (12-2)$

$(2+3) \times 10$

$(12-8) \times 5$

$4 \times (6-$

$$1000 + (2500 \times 10)$$

"如果这位老师买了 10 支铅笔和 10 本笔记本，那么虽然算式中要用的数字一样，但写法却不同了，要写成：

$$(1000 + 2500) \times 10$$

也就是：

$$3500 \times 10 = 35000$$

"在这里，我希望你重点记住一件事，那就是所有的数学家都想节省时间和笔墨，所以他们商量好，如果'（）'里面是乘法或除法，就可以去掉'（）'，如果是加法或减法，就要保留'（）'。我们来看一下葛拉兹老师出的题目，乘法运算原本应该有'（）'，所以要先计算'（）'里的数字，再加上 1000。"

经过爷爷清楚地讲解，菲洛就像忽然间明白了难以理解的宇宙法则一般，马上开始计算，一会儿工夫就把所有的计算题都做出来了。当然，爷爷一直都待在旁边，等着菲洛展示马甲里的秘密武器，结果全家只有爷爷一个人有幸看到弟弟小心地放在马甲口袋里的那 15 件宝贝。

$0 \div 0 = ?$

没有答案的计算题

　　我们家住在 5 楼，爷爷为了锻炼身体，平常大都走楼梯，只有碰到住在楼上的班奈狄太太，才会高兴地陪她乘电梯。这可能是因为班奈狄太太经常向爷爷请教各种数学问题，而爷爷向来又最乐于回答数学问题。他们总是在搭乘电梯的时候匆匆交谈，所以爷爷始终不太明白，为什么班奈狄太太要问那些问题，是为了回答"本周大猜谜"节目中的提问呢，还是为了要帮宝贝儿子解答功课中的难题……班奈狄太太的儿子比菲洛高两个年级，总是摆出一副优等生的模样，怪惹人讨厌的。

　　虽然不怎么喜欢他，但菲洛仍试着跟他聊天。

　　"嘿，妈妈给我买了 833 乐队的 CD。"菲洛开心地说。

　　"那根本就是耍猴戏嘛！"班奈狄太太的儿子轻蔑地回答道。当时，他们正乘电梯下楼。

　　说人家"耍猴戏"，也实在太过分了，从那以后，菲洛说什么也不想再跟他说话了。

昨天，菲洛和爷爷一起外出买东西，回来的时候又碰巧遇到了班奈狄太太。她一看到爷爷就问："老师，请教您一下，0不能做除数吗？我儿子一直搞不懂这个问题。他告诉我，用电脑做计算题时，只要用0除别的数，显示屏上就会出现一个大大的'ERROR'（错误）！"班奈狄太太越说越激动，脸都涨红了，"我告诉他，那表示不能用0做除数，让他不要再那样做了。老师，这样的计算题是不是真的不能做呢？"

　　爷爷十分耐心地等着情绪激动的班奈狄太太把话说完，然后回答道："这个问题很容易，只是一开始有点不好理解。我们可以用一道简单的除法计算题来举个例子，比如，

$$15 \div 3$$

答案是 5，理由很简单，因为 5×3=15。

"事实上，这适用于所有的除法计算题，拿这道题来说，就是答案 5 乘除数 3，等于被除数 15。

"那么，下面这个算式的答案是多少呢?

$$15 \div 0$$

"恐怕算不出来吧。因为任何数字乘 0 都不能得出 15，任何数字乘 0 都是 0。我孙子形容得好，他说，在乘法中，0 就好像一只吃数虫，因此不能用 0 来做除数，只不过并没有人明确禁止这样做。"

班奈狄太太听了很高兴，出电梯的时候不停地向爷爷道谢:"我懂了，老师，回到家我会仔细说给儿子听。"

没想到，今天班奈狄太太又提起了这个问题。当时，爷爷和菲洛已经画了两个小时的画，又整理了一小时院子，心情愉快地从外面回来，恰巧碰到班奈狄太太和她的儿子。这位太太的儿子和她长得一个样，一脸假装博学的表情。她迎面对爷爷说:"老师啊，我跟儿子发现，其实 0 也可以做除数。您知道吗?

"我儿子早就知道，用除法运算的商乘除数，就能得到被除数，也就是说，

$$15 \div 3 = 5 \quad \text{是因为} \quad 5 \times 3 = 15$$

"可是，在下面这种情况下，用0去除还是可以得到答案。

$$0 \div 0$$

"答案就是0。因为0×0也可以得到被除数0。"

菲洛在一旁担心地看着爷爷，心里想，班奈狄太太问这个问题的真正目的恐怕是想为难一下爷爷，讨儿子欢喜吧。不料，爷爷马上不慌不忙地回答："你说得一点也没错。

$$0 \div 0 = 0$$

不过

$$0 \div 0 = 8$$

也同样成立，因为 8×0 也会得到被除数 0。不光是 8，任何一个数字都可以成为

$$0 \div 0$$

的答案。班奈狄太太，你喜欢做水果馅饼吗？如果用同样的材料，应该不会每次做出完全不同、超出想象的东西吧。当然喽，只要食谱没问题，在做之前，你就已经知道自己会做出什么样的东西了。同样，数学家感兴趣的是能够得出唯一正确答案的计算题，因此面对答案不止一个、被称为不定计算的题目，数学家们就像面对得不出答案的计算题一样，根本不会去做。"

　　说完，爷爷向菲洛眨了眨眼，菲洛也用眼神默默对爷爷说："爷爷可真了不起，今天咱们又赢了！"

第 **6** 课

到底有多少只兔子
斐波那契数列

　　从前一阵子开始，弟弟每次出门都不忘涂发胶，把头发梳得又滑又亮，我们忍不住说了他几句，他竟说："发型帅才有魅力！你看，去年莫妮卡看到我还爱理不理的，现在对我可是言听计从。"

　　莫妮卡是弟弟班上的一个女生，脸鼓得像皮球，我从来没有见过长相这么奇怪的女生，可是弟弟居然说，那是他见过的最美的脸蛋！

　　前几天，菲洛又跟平常一样不停地赞美莫妮卡的脸蛋，爷爷终于忍无可忍，摆出一副智者的面孔，说："女孩子最重要的不是漂亮，而是有头脑。"

　　菲洛听完，低头想了很久，好像受到了爷爷的启发，心领神会地说："我终于明白为什么那么喜欢莫妮卡了，因为脸蛋是和头脑长在一起的！"

　　菲洛说，今天葛拉兹老师出了一道题目，考他和莫妮卡，

这是一道能够得出正确答案的题目，就是斐波那契数兔子的问题。爷爷对老师出的随机考题非常感兴趣，于是向前探了探身子，要弟弟详细讲给他听。

"爷爷，您知道吧，斐波那契真是聪明得不得了。他在1202年出版的那本脍炙人口的书里面，就提出了这个问题。

"有两只小兔子，出生两个月后，可以生出另外两只兔子，然后每过一个月，会再生两只兔子。你应该知道，兔子长得很快的。新出生的兔子跟之前的兔子一样，过一段时间就可以生小兔子了。

"请问，刚开始的那个月初，共有几只兔子？第二个月初有几只？第三个月初又有几只呢？

"葛拉兹老师让我们在笔记本上画出兔子的数量，同时再把画在笔记本里的内容画到一张厚纸板上，每过一天就算是过了一个月。莫妮卡负责画还没有生小兔子的年轻兔子，我负责画已经生过小兔子的成年兔子，画完之后，再计算总共有多少只。今天是第五天，也就是第五个月，可是我已经把第六个月的兔子都画在笔记本上了。您想不想看呢？"

菲洛不等爷爷回答，就像米老鼠一样蹦蹦跳跳地穿过走廊，回到自己的房间，背起塞得鼓鼓的沉甸甸的书包，带着一副快被压垮的表情回来。一片吃了一半的面包片从书包里掉了出来。菲洛得意地对爷爷说："您看，我把吃剩的面包片带回来了。"因为爷爷每天耳提面命，告诉菲洛一定要爱惜食物，不可以浪费。

接着菲洛便拿出了数学笔记本，和它的主人不同，笔记本干净又整洁。

"您看，爷爷，为了不搞混，我还用了不同的颜色来区分呢。刚出生的兔子涂红色，一个月大的涂浅蓝色，已经能生小兔子的成兔用深蓝色。第一个月初只有 1 对兔子，第二个月初还是只有 1 对，但是到了第三个月初，就多了 1 对小兔子，变成了两对。到了第四个月初，成兔又生了一对兔子，可是原本的那对小兔子还不能生，所以总共有 3 对。这样说您明白吗？"

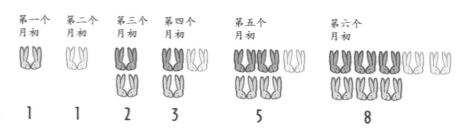

"明白啊。"爷爷赞叹道，"不过，在计算之前要把所有的兔子画出来，可真是一项大工程。因为兔子的数量会越来越多，画起来可不轻松呀！"

"可是比学斐波那契那样去养兔子要轻松多了。"菲洛突然降低音量，小声说，"葛拉兹老师说，有一个秘密公式，可以算出下个月有多少只兔子，可惜我还不知道。为了算出结果，我已经画出了第六个月初的兔子。老师说，通过公式可以更轻松地得出答案。现在我才知道为什么数学家老是在不停地寻找公式，因为他们都很懒！"

爷爷心痒难耐，很想告诉菲洛答案，但又不想违背自己一直以来的教学理念——绝不夺走学生独立发现新事物的喜悦。因此他把秘密公式藏在心里，试着引发孙子的好奇心。

"我给你看一幅画，这是许多年以前我给学生们画的。"

虽然爷爷没有像菲洛那样蹦蹦跳跳，但兴奋程度也绝不输给他。爷爷兴高采烈地回到卧室，拿出一本装订着皮封套的旧教案夹，里面似乎还夹了不少记事用的纸张。爷爷东翻西找，从中抽出了一张画着树枝和树叶的画。画里植物的名字听起来神秘感十足，叫作"白术"。

"这种植物的树枝跟斐波那契养的兔子一样，发芽后的前两个月会一直往上长，然后从第三个月开始，每个月会长出新的树枝，分枝时还会长一片小叶子，只是有时不到一个月就会长出新的树枝。其实兔子也不是刚刚好每个月生一窝小兔子，对不对？当然，这也没什么太大的影响。"

菲洛连忙点点头，看来他是不想在这种"没什么影响"的事上浪费时间，而是急着想知道为什么这株植物会和兔子家族一样。

"好，让我们看看这幅画。"爷爷边说边试着引导菲洛走向令人雀跃的新发现，"某个月树枝的数量是不是由前一个月树枝的数量决定呢？"

"嗯，当然，因为新的树枝是从上个月已经有的树枝上长出来的。"

"可是，上一个月刚长出来的树枝是没法长出新树枝的。"

"那当然！新长出来的树枝要经过两个月才能再长出新树枝啊！"

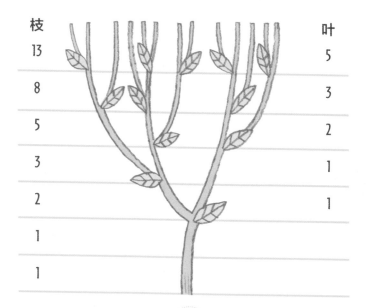

枝		叶
13		5
8		3
5		2
3		1
2		1
1		
1		

"很好，那我们就继续往下讲喽。树枝的数量由前两个月树枝的数量决定。听好啊，我们试着把它写下来。首先，我们把树枝的数量写在右边，在左边分别写上之前两个月树枝的数量。写完之后，请你仔细看看这些数字，如果能够想出秘密公式，就大功告成了！"

1	1	2
1	2	3
2	3	5
3	5	8
5	8	13

爷爷边说，边用手在厨房的小黑板上写下数字。

菲洛按顺序看了一遍爷爷写下的数字，开始专心地思考这些看起来似乎没有什么关联的数字到底能推导出什么公式。为了鼓励自己唯一的宝贝徒弟，免得他放弃，爷爷不断给出各种提示，最后菲洛终于不负所望，兴奋地高喊道："爷爷，我懂了！每个数都是前面两个数的和！"然后菲洛快速写出了数字之间的关系。

$$1 + 1 = 2$$
$$1 + 2 = 3$$
$$2 + 3 = 5$$
$$3 + 5 = 8$$
$$5 + 8 = 13$$

接下来他又兴高采烈地写出了著名的斐波那契数列。

1 1 2 3 5 8 13 21 34 55 89 144 233……

"爷爷，这要写到什么时候才算完啊？"

"写到什么时候都可以啊，只要大脑想得出来，就永远没有止境，因为斐波那契数列和自然数一样，都是无限的。不过事实上，它也和自然数一样，其中真正经常使用的数字还是有限的。

"斐波那契数列非常吸引人，因为我们在大自然中随处都可以看到。今年夏天，如果去乡下，我就可以找出很多例子给你看。在雏菊的花瓣和向日葵的花心中能看到它，松果里面的种子也是这样排列的。"

摩尔斯电码与二进制

葛拉兹老师得了流感请假了，几天前，弟弟的班上来了一位代课老师。

据菲洛说，代课老师挺可怜的，始终得不到这 18 个"寄养"学生的尊敬与喜爱。孩子们都把她当外人，不管她讲什么，大伙儿都有疑问，仿佛只有伟大的葛拉兹老师才值得信赖。每次和弟弟聊天，只要我不赞成他的意见，他就会强调："这是葛拉兹老师说的！"然后不管我再怎么说，他都听不进去。

这时候，爷爷总是会安慰我。他会边搓手边抬头往上看，说出一个十分独特的比喻："葛拉兹老师把这群原始人似的孩子从史前时代带到了文明世界。他们信任老师，就好像原始部落的土著信任酋长一样。"

代课老师努力了几天，总算勉强驯服了这 18 个"原始人"，菲洛他们终于选择静候酋长归来，同时老大不情愿地聆听代课老师讲课。不过，大伙儿偶尔还是会一起顶撞老师，或是轮流摆臭脸给老师看。

　　3 天前，菲洛课上到一半突然肚子痛，爷爷接到学校的通知，忧心如焚地赶到学校把弟弟接了回来。没想到菲洛一进家门，肚子痛就奇迹般地全好了。明明应该病恹恹的他，就这样在家开开心心地玩了一下午。

　　昨天，同样是上代课老师的课，菲洛突然又牙痛了，其实他是不想待在教室。不过，这次老师没让他回家，只是请教务老师带他到餐厅休息。好不容易熬到下课，老师已经被菲洛滔滔不绝又莫名其妙的废话弄得头昏脑涨，快要吃不消了。

　　今天，菲洛又想逃出教室，可是没那么顺利了，尽管他一再表示"我的胸口很不舒服"，但老师根本不理他。

可能是因为连续缺课、天天不舒服，菲洛在作业里竟然把老师讲的二进制和十进制搞混了。于是，他便向心目中唯一能和葛拉兹老师比肩的爷爷求教，请爷爷帮他纠正错误。出乎菲洛的意料，爷爷竟然讲起了摩尔斯电码。

菲洛一脸"这我当然知道"的神情，并找出《给初学者的密码手册》，翻到讲摩尔斯电码的部分给爷爷看。于是爷爷打开了话匣子："来，就像你看到的，塞缪尔·莫尔斯发明了这种用点和线两种符号表示数字、字母，并通过无线电信号传递的方法。电报其实也是他发明的。

"当然，信息的长度会因此增加，举例来说，SOS 是个众所周知的缩写词，改写成摩尔斯电码，就会变成 9 个符号：

●　●　●　━━　━━　━━　●　●　●

"乍看之下，摩尔斯电码似乎只会让事情变得更复杂，可是在用这个方法和远方的人通讯时，只要有能传递两种信号的工具，就可以在短时间内将信息传递出去了，十分方便。不管是使用口哨、喇叭或无线电信号，都能让接收信息的人清晰地理解对方想要传达的意思。线表示长音，点表示短音，字母之间的间隔时间相当于 3 个点的长度，词与词的间隔时间相当于 7 个点的长度。总之，世界上有两大类通讯方式，一类使用的符号少但长度长，一类使用的符号多但长度相对比较短。

"二进制也是同样的道理。在写数字时，只用 0 和 1 两个数字来表示，因此字符串会比使用十进制的字符串长。你想问，那为什么还要用二进制，对不对？因为二进制数已经被广泛应用在计算器等机器上了。这些机器就通过两种不同的信号来运作，一个信号表示 0，另外一个信号表示 1。

"现在我们来想想看，怎样把二进制数改成十进制数呢？你自己也说过，我想你还记得吧，满 10 进位（1、10、100、1000）是因为人有 10 根手指。不过，人们并不会仅仅因此就用十进制计数。如果我们只有 5 根手指怎么办？或是只有两根手指呢？我们大概就会满 2 或满 5 进位吧。

"如果我们只有两根指头，那么只要满 2 就必须进一位，这样 1、10、10 的 10 倍、10 的 10 倍的 10 倍，就相当于 1、2、2 的 2 倍、2 的 2 倍的 2 倍。因此十进制中的

$$1 \qquad 10 \qquad 100 \qquad 1000 \qquad \cdots\cdots$$

就相当于二进制中的

$$1 \qquad 2 \qquad 4 \qquad 8 \qquad \cdots\cdots$$

"换句话说，1 倍、10 倍、100 倍、1000 倍就相当于 1 倍、2 倍、4 倍、8 倍。

"举例来说，1101 这个数字，在十进制计数法中写为：

$$1 \times 1000 + 1 \times 100 + 0 \times 10 + 1 \times 1$$

"可是在满 2 就得进一位的二进制计数法中，它就相当于：

$$1 \times 8 + 1 \times 4 + 0 \times 2 + 1 \times 1$$

"也就是 1 的 8 倍与 1 的 4 倍、0 的 2 倍、1 的 1 倍的和，合计为 8+4+1=13。记住，1101 在二进制中不能读作一千一百零一，而是读作一一零一。

"来，现在我们就试着用二进制计数法写出 1~7 这 7 个数字。"

十进制	二进制			
1	1			1 的 1 倍
2	10		1 的 2 倍	0 的 1 倍
3	11		1 的 2 倍	1 的 1 倍
4	100	1 的 4 倍	0 的 2 倍	0 的 1 倍
5	101	1 的 4 倍	0 的 2 倍	1 的 1 倍
6	110	1 的 4 倍	1 的 2 倍	0 的 1 倍
7	111	1 的 4 倍	1 的 2 倍	1 的 1 倍

菲洛盯着这个数字表格看了好一会儿，突然灵机一动，想

到一个好主意。

"爷爷，我现在回房间，用口哨吹出二进制秘密数字，你听到后把它们写在纸上，然后我们来看你猜对了没有，好不好？我吹短短的音表示 0，吹长长的音表示 1。这个游戏很有趣吧。"

爷爷不忍拒绝，也顾不得自己有轻度重听，就在厨房全神贯注地听着。不用想也知道，那 7 个简单的数字根本满足不了菲洛，不一会儿，他就跑回了厨房，问爷爷其他数字怎么用二进制表示。

"爷爷，8 是 1 的 8 倍，对不对？所以应该再往左进一就变成了四位数。"

"没错。"不用再一边听口哨声一边写数字，让爷爷松了一口气，他很肯定地回答，"8 在二进制中写作 1000。任何一个

十进制数都可以换算成二进制数，我来教你怎么做。接下来我要讲的就像看着食谱学做菜一样，必须一步一步地进行。你要听好哦，用要改写的数字除以2，余数先放在一边，算出来的结果再除以2，余数还是放在一旁，这样一直算下去，直到得出0为止。把从第一步到最后一步计算所得的余数按倒序排列出来，就是二进制数字的写法。

"以25这个数字为例，我们试着像做菜一样，写出演算步骤：

余数

$$25 \div 2 = 12 \quad 1$$
$$12 \div 2 = 6 \quad 0$$
$$6 \div 2 = 3 \quad 0$$
$$3 \div 2 = 1 \quad 1$$
$$1 \div 2 = 0 \quad 1$$

"所以25用二进制来表示，就是11001。接下来你可以试着自己算算36这个数该怎么表示。"

菲洛很专心地计算起来，最后得出了正确答案：100100。

"太厉害了！我们家的小天才！"爷爷满意地大声夸赞他。

"爷爷，击下掌！"菲洛张开那双沾着各色颜料的手，"啪"的一声，和爷爷击掌庆贺。

永远除不尽

发现无理数

　　这几天，菲洛一直热衷于以物易物。据他说，现在学校每天上午都会利用下课时间办跳蚤市场，大家热烈响应，那情景简直就像阿拉伯国家的市集。这些"小商人"聚集在学校的大厅里交换各种物品，有的孩子用电动玩具换零食，有的用日用品换玩具，还有的用各种零件换日用品之类的东西。

　　为此，菲洛成天在家里走过来，转过去，四处搜寻，想看看能不能找到一些可以和别人交换的东西。昨天家里竟然少了两个榨汁机的包装盒，这让妈妈大发雷霆。

　　菲洛挨了骂，辩解道："妈妈，对不起，可是那两个盒子能让我换到一块史前化石啊！"

　　妈妈根本不听菲洛解释，又狠狠地批评了他一顿，然后警告他说："从明天起，每天出门前我都要检查你的书包！"

　　今天早上，妈妈又没收了一小瓶洗甲水和一把带着钥匙的锁，弟弟这个"贪得无厌"的商人只得勉强带着两个装满橡皮筋的小袋子、一套积木、一个玩具枪弹匣、几管水彩颜料、一面放大镜、一个乌龟形状的卷笔刀，还有一个小小的万花筒走出了家门。尽管挨了骂，弟弟照样精神饱满、信心十足，打算去学校好好做几笔"生意"。

放学回来的时候，菲洛的口袋和早上一样鼓，里面塞的东西其实也和早上带走的那些大同小异：各种颜色的橡皮筋、用过的短铅笔、不同形状的积木、玩具卡宾枪、刻度尺、卷尺，外加两辆用火柴盒做的小汽车，不过其中一辆是弟弟自己做的。

即便如此，菲洛也非常满足。

在换来的东西中，卷尺是菲洛的最爱，他把所有东西从口袋里掏出来之后，就立刻拿起卷尺东量西量。卷尺的控制键最好玩，只要手指用力一按，尺条就会"咻"的一声收回卷尺盒内，速度极快，就像蛇窜回洞里一样。

卷尺咻咻咻地响个不停，爷爷听到了便想试着给这个游戏增加一点数学意义。他叫住菲洛，又扮演起了善于寓教于乐的聪明老师。这次的话题是前一阵子葛拉兹老师教过的十进制计数法和测量方法。

"来，你量量这面墙壁的长度。"我们家的资深白发老师对菲洛说。

爷爷说，所谓测量，就是用未知的长度或重量和已知的、被称为计量单位的东西作比较，然后用数字表示出要测量的东西是计量单位的几倍。

"这个我懂！"菲洛边点头边说，"葛拉兹老师说过，以前的人都会随身携带测量工具，连出远门也不例外。最初大家都是用大拇指、手腕或手掌之类的来测量，可是这么一来，不同的人测量出的结果都不一样，总是吵成一团。所以大家商量了一下，决定使用同样的单位——米（metre）来测量。在希腊文中，metre 这个词就是尺度的意思。如果这面墙壁长 4 米，就表示它的长度刚好相当于 4 个 metre！"

"说得真好！问题是，"爷爷接过话来继续说，"万一要测量的长度并非刚好是整数，那该怎么办呢？举例来说，这张桌子的长度比 1 米长，但又不足 2 米。

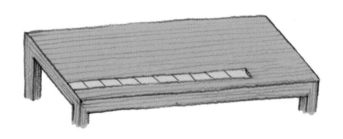

"遇到这种情况，为了测量剩余的部分，就必须有一个比米更小的计量单位。因为我们喜欢 10，用起来又方便，因此，人们没有再创造新的计量单位，而是把米 10 等分，每一份为 1 分米（decimetre），用它来计量更小的长度。

"如果用分米来测量，可以得知这张桌子的总长度为 13 分米，不过还是剩下了一点点，这个部分我们暂且不管。现在桌子的长度与米的比值就是 13 比 10，可以用下面这种方式来表现：

$$\frac{13}{10}$$

"我们把它读作十分之十三。数学家称之为 13 比 10。

"到目前为止，这张桌子的长度相当于 13 个 1 米的 1/10，再加上剩下的那一小段。这远比我们之前测量的要准确。为什么呢？因为剩下没有测量出来的部分比之前要少很多，不过这还不能算是完全准确，所以我们要继续用更小的单位测量剩下的部分。这就是厘米，把分米 10 等分，每一份就是 1 厘米（centimetre）。

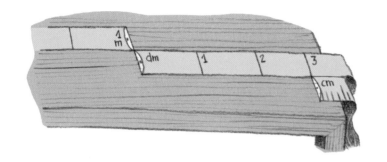

"这么一来，我们就可以用厘米来测量整张桌子的长度了，测量结果是 134 厘米。将桌子的长度与米对比，表示如下：

$$\frac{134}{100}$$

"这就是桌子的长度。"

"可是葛拉兹老师说过，"菲洛迫不及待地说，"这种分数也可以写成下面这种形式，不仅节省时间，占的空间也小。"

$$1.34$$

"原来如此！"爷爷笑着说，似乎对心爱的学生如此专心地聆听他冗长的讲解颇感欣慰，"用加了小数点的小数表示测量结果，可以说是最理想的表示方式。小数点右侧的十分位表示计量单位的 1/10，百分位则表示十分位的 1/10，百分位右侧的数位则表示百分位的 1/10……这样一直循环下去。思考一下就会得知，每个数位都是它右边数位的 10 倍。

"这种令人惊叹的计数方式不仅能表示数量，也能表示大小，非常适合用来表示和某个测量单位的比较结果，是很方便的工具。"

"那么，只要有测量工具，不管物体是长是短，也不管它究竟有多长，都可以测量出来喽？"

菲洛才说完，又想拿他的卷尺，找个东西量量看。

爷爷没料到菲洛会这样问，愣了一下，有点犹豫，不知道该不该给兴奋无比的小孙子浇点冷水，或是告诉他更多的秘密。终于，爷爷作出了决定，长长地叹了一口气，说："其实啊，用厘米量还是会剩下一点，接下来就要把厘米 10 等分，用毫米（millimetre）这个单位来计量。这是小数点右侧的第三位数字。可是尽管这样，也仍然会留下一段非常短但必须测量的部分，那就得把毫米 10 等分，以它的 1/10 为单位继续测量，这样就可以得到小数点右侧的第四位数字了。用这个方法测量下去，不管多小的部分，都能变成某个单位的几分之几，最后总会测量出正确的长度，你说对不对？"

"嗯，量到最后，应该……可以刚好量出实际的长度吧。"

"很遗憾，那可不一定！最早发现这一点的，正是著名的数学家毕达哥拉斯的弟子。当他们第一次碰到这种怎么也得不到答案的数时，也跟我刚才说的一样，认为迟早会算出答案的，可是不管他们怎么用 10 除前一个计量单位，在小数点后面再加几位数，也还是会剩下一点点量不出来的部分。"

"那就是说，"菲洛摆出一副苦瓜脸，说，"数字会没完没了地延续下去啦？"

"没错！小数点之后附了一串永远没有尽头的数字。"

"可是，"菲洛嘀咕了一声，说，"我们也没有超人那样能看到那么小长度的眼睛啊！"

"我们当然没有那样的眼睛。不过，能看到怎么也测量不

出来的那一小部分的并不是脸上的眼睛，而是头脑中的眼睛，也就是我们的思考能力。再过一两年，你一定也会'看'到。这是数学证明中很简单但又最吸引人的问题。"

"像这种无法计量的东西，到底有哪些呢？"

"边长为1米的正方形的对角线就是其中之一。事实上，正方形的对角线没办法使用我们刚刚说到的那些单位量出确切的长度。

"听仔细了，对角线的长度是1.414213……米，最后的'……'表示数字永远没有尽头。

"数学家称这样的数为无理数，原意是：没有道理的，不能用分数表示，无法得出确切答案。"

菲洛十分惊讶，歪着头，似乎第一次对爷爷的话产生了怀疑。看到菲洛那副难以接受的表情，爷爷继续解释道：

"也难怪你会觉得奇怪。事实上，这种数的发现推翻了数学家们之前的许多设想，引起很大的骚动。他们感到无法置信，不知道该怎么办才好，就像天文学家发现是地球在绕着太阳转，而不是太阳绕着地球转一样。对科学界来说，这是前所未有的大发现。

"你可以试着想象一下，当时毕达哥拉斯学派的人是多么困惑。他们一直认为，长度是由无数个被称作单子的点集合而成的，各个点紧贴在一起，不可再分。如果继续分割下去，一定会出现更小的部分，或许那只是很小的点，但也能成为对角

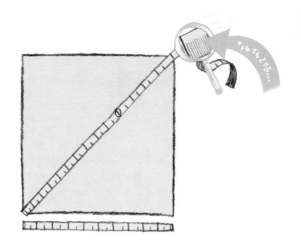

线的计量单位。其实，他们这样想很合理。

　　"无理数的发现如同晴天霹雳，吓坏了毕达哥拉斯学派的人，他们决定对这件事秘而不宣，因此还处死了发现这一点的年轻人希帕索斯。幸运的是，后来柏拉图又帮助我们理解了这个概念。他是公元前5世纪古希腊的伟大哲学家，他说，除了用纸或木头做出来的具体的正方形之外，还有一种只存在于我们大脑中的抽象的正方形。无理数就是为了计量我们大脑中的正方形而存在的。"

没有数字也可以计算

使用代数式

菲洛又开始热衷于另外一件事——担任家庭会计。

在老师教了他们计算收支的方法之后，菲洛立刻准备了一本小账簿，记录全家的收入与支出。

他很认真地向妈妈毛遂自荐："从今天开始，家里的支出由我来管，怎么样？您只要每星期多给我 1 万里拉的零用钱就行了。可以吗？"

妈妈没说话，算是默许了。于是，两天前弟弟和妈妈签了一份由他自己草拟的"雇佣合同"。签完之后，弟弟立刻埋首工作。填了好几页支出明细之后，菲洛悄悄地跟爷爷咬耳朵："爷爷，大事不妙……我们家的钱竟然只有出，没有入。"

还好，就在菲洛愁得无计可施的时候，他发现，原来我们家还是有收入的，这才又恢复了往常的活泼开朗。

"爷爷，你知道我是怎么计算的吗？"弟弟拿着账簿走到爷爷身边，说："你看，很简单，我在支出前面写上负号，在收入前面写上正号，所以，如果我写'−100'，就表示支出100 里拉，如果写'+100'，就表示有 100 里拉的收入。不过葛拉兹老师说，'+'号可以省略不写。

"加法计算很简单，已经有的收入再加上新的收入，收入就会增加；已有支出再加上新的支出，支出就会增加。可是如果要把收入和支出加在一起，我就会搞混了。"

"遇到这种复杂的情况，你会怎么办呢？"爷爷充满期待地问，心想着，这会儿又轮到自己出场了。

"我会先试试看，让支出和收入相抵。"菲洛立刻回答道。

"这样做有时的确会得到 0。比方说，−10 加上 +10 就等于 0，对不对？可是，如果收入比较多，那么即使有支出，也仍然会有盈余，比如，−7 加 +10 就等于 +3。就算支出比较多，出现赤字，但只要有收入，赤字也会减少，比如，−10 加上 +2，会变成 −8。"

菲洛边说边从账簿上抬起头来，希望得到爷爷的肯定。"我说得很清楚吧？葛拉兹老师说，以前的人称负数为'荒谬的数'……可是，您觉得它们很荒谬吗？"

"没有啊，我觉得这种数一点也不荒谬，反而很有用呢！"

"嗯，葛拉兹老师也说它们很有用。比如，可以通过它们说明温度是零上还是零下，海拔是高于海平面还是低于海平面，时间是公元前还是公元后，年代比现在早还是晚……"

"那你想象一下，第一个使用负数的数学家会碰到什么状

况呢？"爷爷高兴地开始讲课了，"前面带着负号的数字，看起来一定很怪吧。印度的数学家从公元 7 世纪起，就已经在使用这种计数方法了。

"十二三世纪，欧洲人才开始认识负数，因为这种奇妙的数最适合用来计算财务收支。不过，在拉丁文中，负数被称作'assurdi'①，看起来似乎就有点……嗯，怎么说呢，有点荒谬。

"事实上，对数学家来说，数字只是用来计算的抽象符号，他们在意的是，究竟该怎样用这种'荒谬的数'来做乘法或除法？

"要让这种'荒谬的数'变成正常的数，就必须建立一些规则，不管进行何种计算，数字前面的符号都能发挥功能。数

---

①是"愚蠢的、荒谬的"意思。——编者注

学家就称正负号不同而绝对值相等的数为'相反数'。

　　"正负数的运算规则，基本上是使用自然数或小数计算中已经成立的一些规则，没有另作改变。再过几年你就会学到了。

　　"数的世界就是这样不断扩展的，它经历了一个漫长的历史过程。刚开始，只用自然数来做简单的加减乘除四则运算。可是时间长了，仅用这些数字就不能解决所有问题了。事实上，在加法或乘法运算中，只使用自然数没有什么问题（因为答案都是自然数），可一旦遇到减法或除法，例如 $5 \div 2$ 或 $5-8$ 之类的题目，就无法解答了。

　　"要求出这类题目的答案，必须创造出一些新形态的数，那就是小数。运用小数，通常就能进行除法运算了。比如：

$$5 \div 2 = 2.5$$

"人们认识了负数之后，减法运算的问题也得到了解决。

$$5 - 8 = -3$$

就是个好例子。当一种新形态的数加入数的大家族时，必须遵守已经建立的计算规则。"

"爷爷，数的世界还真是复杂呢！新的数必须遵守原有的规则，而我们又要不断地学习新的计算方法。一开始，葛拉兹老师只要求我们用自然数做题，接着又给我们留了用小数计算的作业，这次爷爷又教了相反数。到底什么时候才能全部学完呢？"

"你不用担心！四则运算已经发展得很成熟了，一定能算出答案的。"

"爷爷，你没有明白我的意思啦，我担心的不是算不算得出答案，而是作业会不会变得越来越多，做不完啦！而且用这些新的数进行计算，到底有什么用呢？"

"当然有用喽，而且非常有用！这些计算起初看起来似乎只是数学家头脑中的抽象游戏，但你逐渐就会发现，它可以帮助我们理解许多实际生活中可能遇到的问题。

"事实上，数学家一直在不断地发挥想象力，帮助人们掌握并解决周围生活中与日俱增的各种问题，甚至还想出了不是数的数呢！"

"您在跟我开玩笑吗？"

"这可不是开玩笑，我可是正经得很呢！我来给你讲讲。有些数学家想到了一个特别的方法：先用字母来写算式，之后再把字母替换成数字。你注意看，我画了一个长方形，宽度用 a 表示，长度用 b 表示。

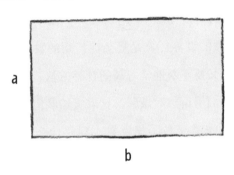

"你一看就知道，a 和 b 只是字母，可是经过测量，就可以把这两个字母替换成数字了。

"假设我们想要计算这个长方形的周长，就可以这样写：

$$a + b + a + b$$

也就是 a 的两倍与 b 的两倍的和：

$$2a + 2b$$

为什么用字母代替数字会更清楚方便呢？因为用字母来表示的时候，我们不是指某个长方形的周长，而是表示所有长方形的周长。

"接下来，假设我们要在院子里围出这样一个长方形。如果用米来计算，并且已经知道建造 1 米的篱笆要花费 c 元，那么只要用下面这个式子，就能算出一共要花多少钱了：

$$c \times (2a + 2b)$$

"通常我们会省略乘号，所以就变成了：

$$c\,(2a + 2b)$$

"如果这个院子是 4 个人共同所有，花费要由他们平均分摊，那么每个人要出的钱就是：

$$c\,(2a + 2b) \div 4$$

"500 多年前勇敢地用字母代替数字的那位数学家，也制定了相应的规则。因为拉丁文中'记号'这个词就是 species，所以这种运算方式被称为记号计算，写作 aritmetica speciosa。"

第10课

解方程式

"今天在学校都做什么啦？"只要学校不放假，这个问题就会像藏在绿草丛中的一根刺，随时潜伏在那儿准备偷袭菲洛。

这是爷爷每天必问的问题，怎么也忍不住。当他去校门口接菲洛放学的时候，就想马上知道弟弟当天都做了什么，不过偶尔他也会忍着，直到进了家门才"发难"。菲洛也很怪，只要是有关下课玩耍的事，都要说一说。从最近发明的新游戏、平常每天都玩的把戏，到打扑克牌、以物易物，等等，几乎是事无巨细。事实上，他刚上小学时就很认真地对我们说过，对于他来说，下课时间永远是"一刻值千金"，珍贵无比。至于上幼儿园的时候，对他来说，从早到晚都是下课时间。

总而言之，爷爷必须先耐着性子，听菲洛说完下课后的所有活动细节，然后才能一成不变地问："那，上课时都做什么啦？"

爷爷并非仅仅是单纯地想知道菲洛的学习状况。这个问题还包含着他对从事多年的教育工作的无比热诚与怀念。记得有一次，爷爷很陶醉地谈起往事，说即使在快退休的那几年，每次看到新生入学，他还是会忍不住激动。

"开学的那一天，每一个学生的眼中都饱含着求知的渴望和无限期待。看到孩子们的眼睛，真希望自己懂魔法。我默默祈祷，告诉自己不可以辜负他们的期待，不可以让他们失去学习的热情。"

爷爷虽然不懂魔法，不过还真有点魔力，否则学生们大概也不会在毕业之后还那么崇敬爷爷，经常来看望他吧。

不说这些了。每当爷爷问第二个问题时，弟弟的回答也总是一成不变："我们做了很多有趣的事，不过那是以后要送给你们的'大惊喜'，所以现在还不能告诉爷爷。"

爷爷听老师说，这个学年的教学计划中，真正的"大惊喜"只有圣诞节、复活节、母亲节或父亲节时做的手工，包括用玻璃纸做相框、用染了颜色的石膏装饰上贝壳做烟灰缸，或用彩色的珠子串成项链，等等。不过，菲洛向来是在节日还没有到时就先泄露了秘密，因此我们很少从这些手工作品中得到什么"惊喜"。但总的说来，这些作品还是备受大家喜爱，之后会被收进橱柜中，陈列在专门摆放家族纪念品的架子上（其中最棒的就是爸爸年轻时用火柴棍做的帆船）。

爷爷每次想认真地问菲洛学校的事都很费劲，甚至急得满身大汗。不过，昨天爷爷竟然轻而易举地达到了目的，还没等他开口问，菲洛就主动说了一件超级有趣的事：

"我们揭开了 X 先生的真面目！

"今天葛拉兹老师带我们玩了侦探游戏，让我们猜一个字母究竟代表什么。那个字母就是 X 先生。老师用了一些方法，让我们不能一眼看出它是几，所以它代表的那个数看起来和别的数没什么分别，不过我还是慢慢地揭开了它的真面目。首先，我收集了各种信息，用算式把 X 先生表示出来，然后逮了个正着。爷爷，你要不要试试看？我可以教你哦。"菲洛说完，也不等爷爷回答，就写出了解题的方法。

"有一个数叫 X 先生，它先变成了原来的 2 倍，然后又加

上了 3。这么一来，他就不再是原来的那个数，而变成了 21。
为了找到 X 先生的真面目，我们要写下所有的线索。X 的 2
倍加上 3 等于 21，写成算式就是：

$$X \times 2 + 3 = 21$$

"接下来，我们就要脱下他变装时的衣服。X 先生最后穿
的是哪一件衣服呢？加上了 3 对不对？所以，我们要先把 3 从
等号的两边去掉：

$$X \times 2 + 3 - 3 = 21 - 3$$

于是变成了：

$$X \times 2 = 18$$

"在这之前，他又做了什么？X先生乘了2，所以我们要在等号两边都除以2：

$$X \times 2 \div 2 = 18 \div 2$$

"通过计算，就知道X到底是几了：

$$X = 9$$

"把衣服脱完，X先生现出了原形，计算也就结束了。我们得知，X先生就是9。9的2倍再加上3就是21。

"我们就是这样抽丝剥茧，找出X先生的。葛拉兹老师说，这就和脱衣服是一个道理。穿衣服的时候，我们会先穿衬衫再穿毛衣，脱的时候，就得先脱毛衣再脱衬衫，对不对？所以只要按照相反的顺序计算就行了。可是千万不能忘记，要在等号的左右做同样的计算。老师也说过，变了装的数字就好像放在天平上的两个盘子。

"在一个盘子里做了什么，就必须在另一个盘子里做同样的动作，这样才能维持平衡。我想爷爷也知道，乘法是除法的逆运算，加法和减法也互为逆运算。"

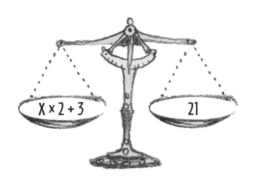

"很好，做得很棒，太了不起了！说真的，葛拉兹老师还真有一套！"爷爷笑眯眯地搔了搔头说，"竟然想到用这种像脱衣服一样的游戏，教你们解方程式。

"你说的揭开 X 先生真面目的线索

$$X \times 2 + 3 = 21$$

在数学中就叫作方程式。要解方程式，只要在 X 的位置上换上某个特定的数字，等号的左右两边就会相等。这个数字叫作方程式的解，要找到解，必须由结果逆着向已知条件推出 X 所用的变装计算，就像你做的那样。

"说到方程式，你还记得那个有名的阿尔·花拉子密吗？'演算法'这个词就是从他的名字演变来的。他也研究过方程式，在公元 825 年，他就写了一本专门研究方程式的书，名叫

《方程式计算法概要》(al-Kitab al-jabr W'al-muquabala)。你只要仔细看一下，就会发现写这本书的人有多幸运。因为书名中的'al'和'jabr'这两个词，恰巧组成了数学中非常重要的一个词——代数（algebra）。"

"我知道，我知道。我认识一个叫法必欧的学生，他很得意地告诉我们，他才上初中三年级，就已经在学代数了。他说，如果不学代数这样高深复杂的东西，就当不了工程师！

"我想他一定可以成功。不过我可不想当什么工程师，我决定，要和阿西欧、阿尔贝鲁和托德一起组一个消防队。虽然才刚开始，不过一定会成功的。至于现在嘛，万一发生火灾，我们只要请消防员来帮忙灭火就好了。您瞧这个主意好不好啊？"

第**11**课

方便好用的
相似三角形原理

　　琳达是妈妈最要好的朋友的独生女，经常到我家来玩，妈妈们闲话家常时，她就和菲洛一起玩耍。她比菲洛小两岁，大大的眼睛，一副机灵的模样。

　　琳达小时候，菲洛很照顾她，常喂她喝奶，推着婴儿车带她去散步，简直就像亲哥哥一样。

　　记得有一年冬天，菲洛开心地对琳达说："今天真冷，我们多盖层被子吧，家里冷得不得了！"然后就在琳达身上盖了一堆毛毯，差点把琳达整个都埋起来，几乎没法呼吸了，可是琳达照样开心地咯咯笑个不停。那时，他们俩真的很合得来。

　　不过，到琳达三四岁以后，情况就没那么好了。有一次，琳达拿着玩具枪玩，菲洛怎么说都没用，只好失望地对她大喊："琳达，枪不能那样拿！你拿反了！"还有一次，菲洛扯着喉咙对她喊："你要多练习，否则超音速飞机永远也发不出声音来！"

菲洛还曾不高兴地教训她："我正在丛林里冒险，命都差点丢了，你怎么还在那儿想那条无聊的珍珠项链啊？"

他们两人的分歧似乎越来越多，经常逼得大人来帮忙调解、安抚，根本没法再好好聊天了。

不过，最近风向似乎又转回来了，菲洛扮演起了无所不知的科学"小博士"，开始好好教导这个可爱的女孩了。他们两人在一起的时候，菲洛会得意扬扬地卖弄自己的知识，这些知识大部分都来自他最喜欢的科学纪录片和《一万个为什么》之类的书籍，以及爷爷不定期的小课程。菲洛讲得总是很有条理，还会举各种正面和反面的例子，如果琳达不同意他的看法，他就会威胁说："我不跟你做朋友了！"

菲洛的兴趣变化无常，有一阵子，他非常喜欢陨石之类的东西，没过多久，又迷上了恐龙蛋化石，而最近，我们家的这个小老师则满脑子都是环保问题。事实上，他和爷爷一样，对环境恶化忧心不已。

前两天，他就对琳达说："你知道吗？臭氧层空洞真的很可怕，会使整个地球严重受伤。如果紫外线毫无遮挡地直接照射到地球上，船就会热得燃烧起来，一不小心就可能撞上冰山。这么一来，冰山可能会断裂，远古时代的细菌会从里面跑出来。万一有人在海里游泳，接触到这些细菌，他回到岸上就会传染给其他人，最后人类就会灭亡！"

琳达听了非常担心，问道："我们也会这样吗？"话说出口之后，琳达才觉得，这样说好像很自私，只想到自己，于是没有再追问下去。

今天，琳达来的时候，弟弟正在复习地理，所以只简单地跟她打了个招呼，便继续埋头用功学习。琳达也不吭声，乖乖地坐在他身边。

身边多了个小崇拜者，菲洛忍不住想好好表现一下，于是他用演员般夸张而得意的声音大声背诵起来："意大利北部有两大湖，一个是马焦雷湖，一个是加尔达湖；中部有几个比较小的湖，分别是特拉西梅诺、布拉恰诺湖和……罗马附近有卡比托利欧湖；南部有……"

"卡比托利欧可不是湖啊。"爷爷从半开的门内探出头来说。

"可是，我记得是卡比托利欧的天鹅①叫醒了沉睡中的罗

---

①公元前 390 年，高卢人进攻罗马，在跨越卡比托利欧山时，天后朱诺的神天鹅守在那里开始鸣叫。罗马人从沉睡中惊醒，击退了敌人。——编者注

马人，他们才击退了野蛮人的进攻，不是吗？如果卡比托利欧不是湖，为什么会有天鹅呢？"爷爷听了，小心翼翼地纠正菲洛有关卡比托利欧的误解，以免伤到这个一直以来热心地听他讲课、对他无比信赖的一号崇拜者。

不过，菲洛对于山脉的知识点倒是记得十分准确。

"爷爷，我知道阿尔卑斯山和亚平宁山脉的最高峰，分别是 4800 米的白朗峰和 2900 米的大科尔诺山，因为这两座山我都爬过。埃特纳山①有 3300 米高，但不是大陆上的山……可是，爷爷，山的高度到底是怎么测量出来的呢？我们总不能在山顶上挖一个洞通到地面吧，一定有更好的方法吧。"

"没错，在很早以前，如何测量非常高的东西一直是个大

①埃特纳山位于西西里岛上。——编者注

难题，成功地得到测量结果的人都会被奉为伟大的智者，声名远播。到目前为止，最有名的就是公元前6世纪住在米利都城的智者泰勒斯，他应法老的请求，想出了一种测量金字塔高度的方法。传说，测量当天，全城的人前来观看，想看看泰勒斯会想出多么复杂、困难的方法。

"没想到他只带了一根棍子。那一天晴朗无云，泰勒斯将棍子垂直插在地上，当棍子的影子跟棍子一样长时，他说：'现在，请测量一下金字塔影子的长度。'他将法老侍从测量的影子长度加上金字塔底边长度的一半，就量出了这座巨大建筑物的高度。"

"真是帅呆了！这么一来，不用爬到大楼或高塔上，我们也可以量出这些高大建筑的高度喽？"

"当然，甚至不用等到棍子的影子和棍子一样长就可以测量了，如果影子的长度只有棍子实际高度的一半，就表示建筑物的影子也只有它实际高度的一半；如果影子的长度只有实际高度的1/3，那么，建筑物影子的长度也只相当于它实际高度的1/3。泰勒斯想出的这个了不起的方法，正是希腊人耳熟能详的相似三角形原理。我仔细给你讲一讲，好不好？

"下面这两个三角形表示高塔和棍子在阳光下的影子，两者很像吧。

"看起来，大的三角形似乎只是把另一个三角形放大了而已，两个三角形形状完全相同，只是大小不一样。

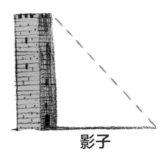

影子　　　　　　　　　　影子

　　"这两个三角形的三条边对应成比例。举例来说，如果小三角形的高和底边长的比是 5，那么大三角形的高和底边长的比一定也是 5。假设小三角形的高和底边长分别是 10 和 2，如果大三角形的底边长是 8，我们就能轻轻松松地算出大三角形的高等于 40 了。

　　"因为只有 40 能让两个三角形的高与底边长的比相同，就像下面这样：

$$\frac{10}{2} = \frac{40}{8}$$

两边的比相同，也可以写成

$$10 : 2 = 40 : 8$$

"数学家称这样的式子为比例式，读作十比二等于四十比八。数字 10 和 8 在外侧，所以叫作外项，2 和 40 在内侧，叫作内项。在任何比例式中，内项的积都永远等于外项的积，因此 4 个数字中只要有 3 个是已知的，马上就能计算出剩下的那个未知数来。你试试看，把正确的数字写到横线上：

$$15 : \underline{} = 6 : 4$$

"答案是多少呢？"

爷爷说话的时候，琳达睁着亮晶晶的大眼睛，看看爷爷，又看看菲洛，似乎盼望着有人能结束这段奇怪的对话。当爷爷提出这个问题后，她拿起了不管走到哪里都带在身边的洋娃

89

娃，开始喂它喝奶，因为她最喜欢的玩伴正专心地思考这些奇怪的数字，完全忘了她的存在。

"15×4，嗯，等于60。所以这个未知数乘6，必须等于60。那么，只要用$60 \div 6$，就能得到这个数字了。答案是10，对不对？"

"完全正确！"

"爷爷，我开始喜欢这个名叫泰勒斯的人了。不过，用他这种方法，恐怕还是测不出山的高度吧，因为没有办法测量出山的影子长度啊！"

"你说得没错。要解决这个问题，除了相似三角形定理外，还必须懂一些三角函数。三角函数研究的是三角形角和边的关系。只要了解三角函数，就能测出无法相连的两点之间的距离，比如山顶与山脚、山里的两个村庄、天上的两颗星星，或海上的船只与港口等之间的距离。再过几年，你就会学到了。"

"葛拉兹老师通过买卖游戏教会我们应用比例。至于刚才说的……那个……是叫内侧和外侧吗？她就没有教。"

"是内项和外项……可是，买卖游戏是什么呢？"

"这个嘛，你知道现在每家商店都在大甩卖吗？这个游戏就是计算商品打折之后的价钱。举个例子说吧，多马斯想从我这里买一副很炫的拳击手套，原来的定价是20000里拉，我给他打了七折，便宜了30%。那么，请问多马斯能省下多少钱呢？得出答案之后，两个人互换角色，由多马斯把一些别的东

西卖给我。我写出来给你看：

$$100 : 30 = 20000 : 减去的金额$$

"做生意一定要诚实，对不对？原来越贵的东西，打完折减去的金额越多，越是便宜的东西，打完折减去的金额越少，换句话说，就是按比例计算。所以，多马斯要这样计算：

$$减去的金额 = 30 \times 20000 \div 100$$

"答案是6000里拉。"

"那我们也来玩买卖游戏，好不好？不过，我可不打折哦。"在旁边等得不耐烦的琳达终于忍不住怯生生地问。

第 **12** 课

自然数与偶数，哪一类数更多

有限集合与无限集合

"爷爷，葛拉兹老师生病以后，好像变了个人似的，常会提出一些奇怪的问题。今天，她竟然问我们：'自然数和偶数，哪一类数更多？'这还用问吗？可是她要我们仔细想一想，明天再告诉她答案。我根本不用想。当然是自然数多，因为偶数只是数的一部分，奇数也一样。"

我想，这次恐怕连爷爷也得举手投降了，因为弟弟自信满满，绝对不会轻易改变看法。不过，我们家的资深教育家最后还是想出一个好主意。爷爷带着菲洛进了厨房，两人一起准备晚餐，他问弟弟："我们要准备几个座位啊？"

"5 个啊，总共有 5 个人嘛，当然要准备 5 个座位，不是吗？爷爷，你问这些我已经知道答案的问题干什么？好玩吗？"

"是啊，总共有 5 个人，所以要准备 5 个座位，每个座位坐一个人，每个人都有自己的座位。换句话说，座位和人是一对一的对应关系。当两种事物之间存在着一对一的对应关系时，我们就可以断定，这两种事物的数量总是相同。用手指来数数就是最好的例子。每根手指都有对应的含义，对吧？如果用了 10 根手指，就表示总数是 10。

"再举一个例子，你们班总共有多少人？"

"18 个人。"

"你们每个人都有一个座位，每个座位上坐一个小朋友，所以总共有 18 个座位，对不对？"

"嗯，没错，是有 18 个。"

"讲到这里你都听明白了吧。接下来，看一下这个图：

"每个自然数都对应着一个偶数（用这个自然数乘以 2），每个偶数也对应着一个自然数（用这个偶数除以 2），这就是说，自然数和偶数都有无数个！"菲洛一脸难以置信的表情，盯着数字，想要看穿其中到底藏着什么玄机。难道爷爷跟葛拉兹老师联手来哄他吗？

"也难怪你会觉得意外，"爷爷说，"认为部分少于整体很正常，但只有当整体包含的数字有一定限度时，这个假设才成立。如果整体是无限的，我们原来的想法就必须随之改变。伟大的伽利略对这一点也感到很惊讶，他画了两个同心圆，其中一个圆的周长是另一个圆的两倍。

"不管他画出多少条半径，其中一个圆的点一定对应着另一个圆上的点。两个圆周上的点一一对应，这使他不得不相信，两个圆周上的点一样多。所以，尽管其中一个圆的周长是另一个圆的两倍，但圆周上都有无数个点，因此他得出了这样的结论，对于无限集合来说，等于、多于或少于等属性都不适用。

"在伽利略提出这一结论后，又经过了漫长的时间，直到19世纪末，戴德金和康托尔等优秀的数学家才发现，无限集合这一令人惊异的属性正是区分有限集合和无限集合的主要原则。现在，几乎所有的高中生都知道，如果一个集合与它的真子集①一一对应，那么这就是一个无限集合，否则就是有限集合。"

――――――――――

①如果集合A是集合B的子集，并且B中至少有一个元素不属于A，那么集合A就叫作集合B的真子集。——编者注

"爷爷，可是有了这种无限集合，我们小孩子就弄不清楚到底什么东西是确定的了。"

"不，这对小孩子来说也很重要，这让你们明白，当具体条件改变时，我们的想法也必须跟着改变。"

"可是，到底会有多少变化呢？"

"这我也不知道。我们来思考一个问题，这个问题之前不仅在数学家中引起了争论，在普通人中也引起了争议。这是公元前 450 年一个名叫芝诺的希腊哲学家提出来的，他称之为'悖论'，也就是超乎想象的问题。"

"这个问题，您觉得葛拉兹老师知道吗？"菲洛心想，或许这个问题可以帮助他将葛拉兹老师一军。

"我想她应该知道。葛拉兹老师很喜欢猜谜，而这个故事最初就是一个谜题。你可要听好，我们拉开弓，把一支箭射向靶子。我们来画图看一下。

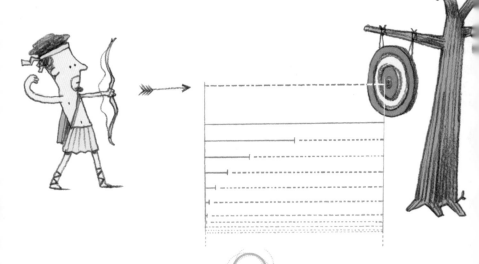

"箭要飞完全程，到达靶子，首先必须通过全程的一半。可是要通过这一半的距离，又必须先通过一半的一半……这样推下去，箭必须通过一半又一半的距离，换句话说，它必须通过无限个'一半'的距离。

"不管这些一半的距离有多短，还是要耗费一定的时间，不管这些时间有多短，甚至短到只是一瞬间，也都是要耗费的。好，问题来了，请问这支箭能射中靶子吗？"

菲洛一脸被打败的表情。过了好一会儿，他才鼓起勇气回答道："爷爷，按照你说的想一想，答案当然是否定的。可是我在玩射箭游戏的时候，就算没有射中目标，箭也不会浮在半空中不动，总会射到某个地方的。"

"你说得没错！我们有一种思维定式，认为可以无限细分的距离加起来也是无限的。可是，就像这个例子显示的，这些距离加起来依然可能是个有限的数！所以，不管是思考无限大的东西，还是无限小，我们都必须开动脑筋，不能局限在此前的想法中。"

勾股定理①

　　菲洛连续两个晚上都梦到了蒙面侠佐罗，害得爷爷连续两个早晨都得边喝咖啡，边听菲洛滔滔不绝地讲梦里发生的事。他一会儿讲佐罗如何干掉歹徒，惩戒贪官；一会儿又讲他怎样打败恶人，将罪犯绳之以法，解救了被压迫的老百姓。

　　"爷爷，佐罗实在是酷毙了，他戴着黑面罩，骑着一匹黑马，斗篷随风飞起，潇洒极了！"

　　第三天夜晚，由于对科学的好奇心占了上风，佐罗没再造访他的梦境。

　　"爷爷，我昨天做了一个奇怪的梦，一只大章鱼不停地在喊：'救命啊！救命啊！'我用起重机把那只可怜的章鱼从漂着一层石油的海水中救了起来。"弟弟讲着昨夜做的梦，听语气他似乎有些难过。

---

① 在中国，《周髀算经》中记载了这一定理的公式与证明方法，相传由商代的商高发现，故也称商高定理。——编者注

接下来的那个晚上，菲洛左思右想，费尽心思，希望佐罗重新回到他的梦中。

"如果我在睡前一心一意地想着佐罗，就一定会再梦见他。"弟弟非常自信地咕哝着，开始写之前梦到佐罗的经过。

然后他关掉灯，躺着一动也不动，把刚刚写好的东西念了3遍，这才安心地闭上了眼睛。

第二天早上，菲洛很不高兴，因为前一天晚上的努力并没有得到他希望的结果。

"您猜我做了什么梦？"菲洛看着眼前冒着热气的牛奶，嘴着嘴说，"我竟然梦见了毕达哥拉斯！"弟弟的话好像在暗示，爷爷应该为此负责，因为他一天到晚都在跟菲洛谈论数学。

"是吗？毕达哥拉斯可是个了不起的伟人啊！"爷爷试着安慰弟弟。

"什么？难道爷爷想拿毕达哥拉斯和佐罗比吗？"

"那倒不是，我怎么会这么做呢？我只是想告诉你，毕达哥拉斯也是一位非常著名而伟大的人。"

"他或许很伟大，可是不太有名哦。如果他真的很有名，那为什么开嘉年华派对时，每个人都想装扮成佐罗，却没有一个人想装扮成毕达哥拉斯呢？这也太奇怪了吧！"

爷爷遭到弟弟的反驳，对毕达哥拉斯的崇敬之情受到了伤害，忍不住开始为这位数学界的伟大天才辩护。菲洛很专心地听着，但这只是为了更好地反驳爷爷，贬低毕达哥拉斯，好维护自己的偶像至高无上的地位。

"好吧，那我就用实例告诉你，毕达哥拉斯有多伟大！"

爷爷大声说着，拿起了一根绳子，每隔一定的距离打一个结，打了 12 个结之后，剪掉了多余的部分。

接着，爷爷又在硬纸板上钉了 3 个图钉，把绳子拉直，做成了一个三角形，3 条边的长度分别为 3 个、4 个和 5 个绳结的间隔。

"你看最上方的这个角，它叫直角，长方形和正方形的角都是直角，房间地板的 4 个角也是直角。几乎每栋建筑中都有直角。事实上，现在建造房子的工人一般也是用这种方法来确定直角的。这是从古时候流传下来的方法，古埃及人还用这种方法来建造金字塔的基底呢！"

"如果用其他数字代替 3、4 和 5，会怎么样呢？"菲洛问道。没等爷爷回答，他又继续说："爷爷，绳子借我一下，我用 5、6、7 试试看。"

话音未落，弟弟便认真地重新打结，用绳子围出一个三角形，可是很快就发现，其中没有一个角是直角。

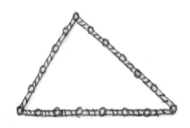

"为什么间隔为 5、6、7 就围不出直角呢？我给每一条边增加的长度都一样啊！"

"问得好！"爷爷边搓手边回答，"存疑是发现新事物的第一步。不过，从古到今，这也是最困难的一步。古埃及人使用这种绳量法长达好几个世纪，却从没有想过为什么。或许光是建造法老的坟墓就已经够他们头痛的了！

"事实上，埃及百姓很可怜，他们受到法老的奴役，根本

不可能提出什么质疑。法老相信自己是神，还和僧侣们串通一气，不仅束缚百姓的行为，还压制他们的思想。不幸的埃及百姓只能一边建造金字塔，一边期待着死后能得到解脱。

"好，我们回过头来讲毕达哥拉斯的故事。正是毕达哥拉斯和毕达哥拉斯学派的数学家，敢于对你刚刚提出来的那个困难的问题提出质疑，也就是'为什么 3、4、5 这组数字可以构成直角，其他数字却不行？'毕达哥拉斯倾尽全力想要找到答案，当他终于找出答案时，不禁欣喜若狂，还举办了一场盛大的庆典，向神进献了 100 头公牛。"

"毕达哥拉斯一定比埃及人有更多的思考时间，不然就是他太八卦了，什么事都想知道。"菲洛咕咕哝哝地抱怨道，因为他一直很喜欢埃及人和法老。

　　"说起毕达哥拉斯和埃及人的不同之处，答案其实很简单，就是他比较幸运，因为他出生在公元前 6 世纪的希腊。那是一个伟大的时代，人们对自己充满自信，甚至期望通过大脑的思考发现自然法则。僧侣和祭司的话不能满足他们，许多人甚至整日以思考来消磨时间，也不打算把思考的结果应用在日常生活中。举例来说，当时有这样一个故事。

　　"有一次，毕达哥拉斯应邀出席一场盛大的竞技比赛，遇见了王子，王子问他叫什么名字，以何为生，毕达哥拉斯抬起头来骄傲地说：'我是哲学家！'王子之前从未听说过这个词，于是问他'哲学家'是什么意思。毕达哥拉斯回答道：'王子殿下，您请看，这个竞技场中有各种人，有人为钱而来，有人为荣誉而来，有人则是为了用自己的眼睛仔细观察、理解这里的一切。最后的这种人，就叫作哲学家。'从这一天开始，'哲学家'这个词开始普及，代表想要探索的人。"

"那么，哲学家到底都思考什么呢？"

"比如说，宇宙的形成和发展，人类是怎样的生物，我们周围的事物是如何产生的，等等。"

"嗯，那真是有很多问题要思考，那个时候，他们大概有太多的事无法理解吧。可是，为什么他们不到别的地方去，而是聚在希腊呢？"

"因为希腊的环境得天独厚啊！"

"就是说，希腊为大家提供了一个很好的思考环境吗？"

"嗯，没错，希腊有一些公共场所，有相同喜好的人可以聚在那里一起探讨，因此老师和学生都会在那里互相沟通、辩论。不过我所说的得天独厚的环境，是指那个时代的人生活方式很自由，比如说，没有奴役人民的法老或僧侣。

"而且，各个城邦都由市民自己管理，和一个小国家没什么两样。大家经常聚集在广场上，讨论共同关注的话题，然后一起作出决定。尽管穷人和奴隶不能参与其中，但希腊人构建出的这种制度仍然是一种民主制度，他们觉得他们就是自己的主人，有能力思考和行动，因此非常自信，敢于挑战各种难题。"

"那么，毕达哥拉斯怎么证明那个关于直角的问题呢？"

"除了献祭公牛之外，其他的事我们就不得而知了，因为当时并未留下任何文字资料说明经过，甚至连解答了问题的是毕达哥拉斯本人，还是他的弟子都不清楚，因为毕达哥拉斯学派只要有了新发现，都会对外称是这个学派发现的。这就像葛拉兹老师把你们的画送到学校外面去参加画展时，在画作上写三年级 A 班，而不写你们个人的名字一样。不管怎么样，这个发现后来就被称作'勾股定理'。

"对于这个问题，他们的思考逻辑大概是这样的。你仔细看我画的图，就知道为什么 3、4、5 这一组数可以构成直角了。

"假设有两块巧克力，同样都是正方形，左边那块是你的，右边那块是我的。

"我们两个人用不同的方式切自己的巧克力，但要确保我们得到的 8 个三角形完全相同。

"这 8 个三角形都有一个角是直角，叫作直角三角形。听好，在直角三角形中，直角正对着的那条边叫斜边。你的巧克

力切好后除了 4 个三角形外，有两个正方形，对不对？其中一个边长等于直角三角形较长的那条直角边，另一个边长等于较短的那条直角边。我的巧克力除了 4 个三角形之外，还有一个边长和直角三角形的斜边长度相等的正方形。

"假设现在我们都很饿，把切下来的 4 个三角形都吃了，那么剩下的巧克力就是下面这种形状：

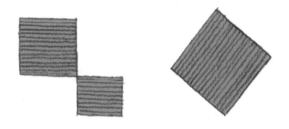

"看到这两幅图，你一定想问，到底谁剩下的巧克力多呢，对不对？"

"这太简单了，虽然形状不同，但剩下的巧克力一样多。"菲洛回答。

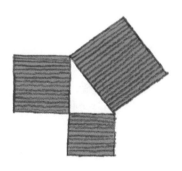

"你实在是太厉害了！那么，我们试着把这两块巧克力拼

在一起。

　　"这样就很清楚了。也就是说，以直角三角形的斜边为边构成的正方形的面积，等于以两条直角边为边构成的正方形的面积之和。正是毕达哥拉斯发现了这一点！"

　　"为了这个，就杀牛庆祝吗？那些牛实在太可怜了……这样说来，哥伦布发现美洲大陆的时候该怎么庆祝呢？"

　　"你可别小看这个发现，这个发现非常了不起，毕达哥拉斯并没有一一测量实际的直角三角形，而是靠大脑的思考发现了这一适用于任何直角三角形的特性！

"除了提出勾股定理，他还用几何方法'证明'了这一点。"

"我懂了。可是，我还是不明白，为什么3、4、5可以构成直角三角形呢？"

"就像你已经知道的，正方形的大小，也就是面积，等于边长乘边长。"

"嗯，没错，葛拉兹老师经常考我们这个问题。举例来说，某个正方形边长3厘米，那么它的面积就是3乘3，等于9平方厘米。"

菲洛说着，动手画了一个漂亮的正方形。

"非常好！"爷爷夸赞道，"那么，我们再回过头来说一般通用的理论吧。

我们假设直角三角形的两条直角边长度分别是 a 和 b，斜边长度为 c。那么毕达哥拉斯的勾股定理就可以写成一个简单的等式：

$$a \times a + b \times b = c \times c$$

"数学家们喜欢把式子写得更简短，相等的两个数相乘可

以用乘方来表示，因此乘数只须写一个，然后在乘数的右上方写上相乘的次数，这就变成了：

$$a^2 + b^2 = c^2$$

"3、4、5这一组数字可以构成一个直角三角形，它们之间的关系也可以用下面这个简单等式来表示：

$$3^2 + 4^2 = 5^2$$

也就是 9+16=25。

"3、4、5可以作为直角三角形的边长，正是因为它们符合勾股定理，所以这3个数被称为勾股数。"

"随便选3个数字就不能满足勾股定理吗？我们来试试吧。"

"好吧，我们试试看。比如，

$$5^2 + 6^2 \neq 7^2$$

"因此5、6、7这3个数字不能作为直角三角形的边长。"

"那，还有其他的勾股数吗？"

"有啊，而且有无数组呢！"

"无数组？"

"毕达哥拉斯的弟子们学会了证明的方法，后来不断地发现新的数字组合，他们以为找到了所有的勾股数，可是之后总是会陆陆续续出现新的满足勾股定理的数字组合。"

"那么，还有哪些数字组合呢？"

"比如，5、12和13。"

菲洛思考了一下毕达哥拉斯的证明方法，不知是不是终于心服口服了，他叹了一口气，说："原来是这样啊，那就让他也加入英雄的行列吧，虽然他没有佐罗那么帅……爷爷，如果有哪个小朋友想在嘉年华聚会上装扮成毕达哥拉斯，那他该穿什么样的服装呢？"

肚脐的位置恰到好处

黄金分割

前几天，毛洛叔叔到家里来，身上穿了一件鲜艳的花格子衬衫，爸爸说他八成脑子出了问题，妈妈则夸他穿得很独特、有创意。不过，后来剩下妈妈和我两个人时，她还是忍不住说，从来没见过有人穿那样的衬衫，真不知是从哪儿买的。

爷爷和毛洛叔叔好久没有见过面了，能拥抱一下自己的儿子，爷爷真是开心极了，特别是当叔叔送了他一本自己最近刚写的有关概率的书时，爷爷更是喜出望外，整个人兴奋得坐立难安，没多久，就钻进屋里研究去了。

一开始，菲洛不太乐意跟叔叔单独待在一起，因为去年夏天，他闯了一点祸，很怕叔叔旧事重提，揭他的老底。

事情是这样的：叔叔有个很特别的嗜好，喜欢种蔬菜，平常开完重要的会议或是完成了一项困难的工作之后，如果不在菜园里待上一整天时间，就觉得像是没有好好休息一样。可是，去年夏天他参加的会议接连不断，工作又十分繁重，结果蔬菜得到了过多的关照，反而长得软趴趴的。菲洛一时没弄清楚，竟然把叔叔辛苦种植的蔬菜当成杂草拔了个精光，拿去喂乌龟了。

当时，菲洛沮丧透了。尽管不是故意的，可是做出了这样的傻事，他真恨不得在地上挖个洞钻进去。叔叔对这件事并不在意，还给他讲了自己的糗事，但菲洛的脸上还是一点笑容都没有。叔叔说，他有个朋友，看他那么喜欢种蔬菜，就假装替他申请参加根本不存在的"意大利盆栽比赛"，还拿了一个假的金牌回来给他。

叔叔最大的优点，就是非常健忘，而且是转头就忘，绝不记仇。不过，对婶婶来说，这可不是什么优点。为什么呢？因为有时他外出两三天不能回家，可事前总是忘记告诉婶婶。

总之，因为去年发生的事，菲洛很担心叔叔会提起蔬菜，可是没想到，叔叔不但没有提过去的事，反而送了他一张非常精致的木制棋盘，还有一套棋子呢！

叔叔先问了问菲洛学校里的情况，然后又问这个"长得飞快的小帅哥"长高了多少、重了多少。

关于学校的事，菲洛说他们全年级一起去贾科莫·莱奥帕尔迪公园进行了一次远足，之后叔叔就没再问。

可是关于菲洛成长的情况，叔叔就非常关切了，甚至还扯到帕特农神庙和法国建筑大师科布西耶的故事。

"我长高了一大截，因为爷爷总是给我吃最有利于长身体

的东西。"弟弟得意地说，"我现在身高有 136 厘米。昨天爷爷才帮我量过，所以我记得很清楚。爷爷说，他想看看，我的身体是不是符合黄金比例。叔叔，你知道什么是黄金比例吗？"

刚刚弟弟把意大利诗人贾科莫·莱奥帕尔迪的名字拼错时，叔叔只是稍微纠正了一下，可是一说到"黄金比例"，叔叔的眼睛一下就亮了，甚至比水里的鱼还要兴奋，因为这就是他最感兴趣、一直希望弟弟问的问题。

"那么，你的身体符合那个有名的比例吗？"

"当然喽……爷爷说，别的不说，光是肚脐啊，位置就长得恰到好处，从肚脐到脚底，刚好有 84 厘米。爷爷甚至高兴得跳了起来!

"我的身高是 136 厘米，从肚脐到脚底有 84 厘米，那么肚脐以上就是 52 厘米了。

"爷爷说，这说明我的肚脐位置很棒，身体比例很匀称。为什么呢？因为 52 比 84 恰好约等于 84 比 136。你看：

$$52 \div 84 = 0.619 \cdots\cdots$$

同时，

$$84 \div 136 = 0.618 \cdots\cdots$$

"如果我的肚脐再高一点或低一点，这两个比值之间的差可就大了。爷爷还说，0.618……这个比值，就叫作黄金比例。

"说得更准确一点，黄金比例应该是0.618……8的后面跟着一串数不清的数字。总之，爷爷说，我的身体比例可以说无可挑剔，甚至可以去当希腊雕塑家的模特儿了！希腊雕塑家创作时，都尽可能地遵守这个美妙的黄金比例。希腊著名的神庙也都应用了黄金比例。"

"你说得没错。"叔叔点点头说，"那就是雅典最优美壮观的帕特农神庙。黄金比例在希腊文中用字母 φ 来表示，读作'fai'。当初决定使用这个字母是因为它是设计帕特农神庙的建筑师菲迪亚斯名字的缩写。"

"听说生物体的各个部分都会呈现出黄金比例。比如，我的小拇指最末端两个指节的长度比就是0.62，也与黄金比例很接近。如果斐波那契知道大自然中除了他发现的斐波那契数列之外还有这样奇妙的数字，不知道会有什么反应。"

"我想他一定会很高兴的。"接着，毛洛叔叔便给菲洛解释原因，"因为这个数和斐波那契数列有着非常密切的关系，就

像有血缘关系的近亲。这是为什么呢？你仔细一看就知道了。斐波那契数列是这样的：

$$1, 1, 2, 3, 5, 8, 13, 21, 34, 55 \cdots\cdots$$

"来，我们用计算器计算一下这些数之间的比值：

$$\frac{1}{1} = 1 \quad \frac{1}{2} = 0.5 \quad \frac{2}{3} = 0.66\cdots\cdots \quad \frac{3}{5} = 0.6 \quad \frac{5}{8} = 0.625$$

$$\frac{8}{13} = 0.615\cdots\cdots \quad \frac{13}{21} = 0.619\cdots\cdots \quad \frac{21}{34} = 0.617\cdots\cdots \quad \frac{34}{55} = 0.618\cdots\cdots$$

"你发现了什么奇妙的现象吗？"

"嗯……我知道了！这些数字之间的比值越来越接近黄金比例了，简直跟变魔术一样！"

"φ 受到艺术家的青睐，大概就是因为自然界中的许多事物都体现了这个比例，让我们觉得很亲切，就像是身体的一部分，或是周围世界的一部分……

"不过，黄金比例的特性中最令人惊奇的，就是爷爷用你的肚脐为例解释的那种分割方式。就是说，把一条线段分成两段，短的部分与长的部分之比，恰巧等于长的部分和整条线段长度之比，比值约为 0.618。

"这样，整体看起来很协调。或许是因为相同的比例一再重复出现，让人觉得很悦目吧。

"希腊的雕塑家认为这种分割方式是最理想的。到了 16 世纪，建筑师和艺术家则将它称为'神圣的比例'，现在我们称它为'黄金分割'。20 世纪初，法国还诞生了一个叫作'黄金分割画派'的画家团体，著名的建筑大师科布西耶更是废寝忘食地研究呈现黄金分割特性的人体。"

"爷爷总是跟姐姐说，数学也是一种艺术，现在我终于明白他为什么这样说了。叔叔，我好想知道，黄金分割到底是怎么分的，我想去学校展示给葛拉兹老师看，因为老师热爱大自然，也热爱艺术……"

"没问题！你先准备纸、笔、直尺和圆规，我们来试试！

"先画一条线段 AB，然后再画线段 BD，使 BD=1/2AB，且 BD 与 AB 呈直角，连接 A 和 D。就像这样：

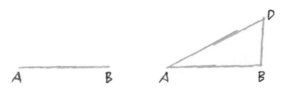

"接着用圆规以 D 点为圆心，以 BD 为半径，画一个圆弧，圆弧与线段 AD 相交的那一点为 E。

"最后我们以 A 点为圆心，以 AE 为半径再画一个圆弧。

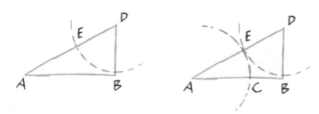

"圆弧与线段 AB 的交点为 C 点，C 就是线段 AB 的黄金分割点，因为

$$CB : AC = AC : AB$$

"等你上初中以后，就能利用勾股定理轻轻松松地证明这个命题了，也会知道，线段 AC 的长度刚好是 AB 的 0.618 倍，而 CB 的长度则刚好是 AC 的 0.618 倍。"

"叔叔这么了解黄金比例，应该也是个艺术家吧！"菲洛钦佩地说。

"很遗憾，叔叔并不是艺术家。不过这个数字是叔叔最早记住的数字之一！"

"叔叔能记住这个数字的原因大概跟我一样，恐怕您的爷爷也在您 8 岁的时候，用卷尺把您从头到脚量了一遍吧！"

第15课

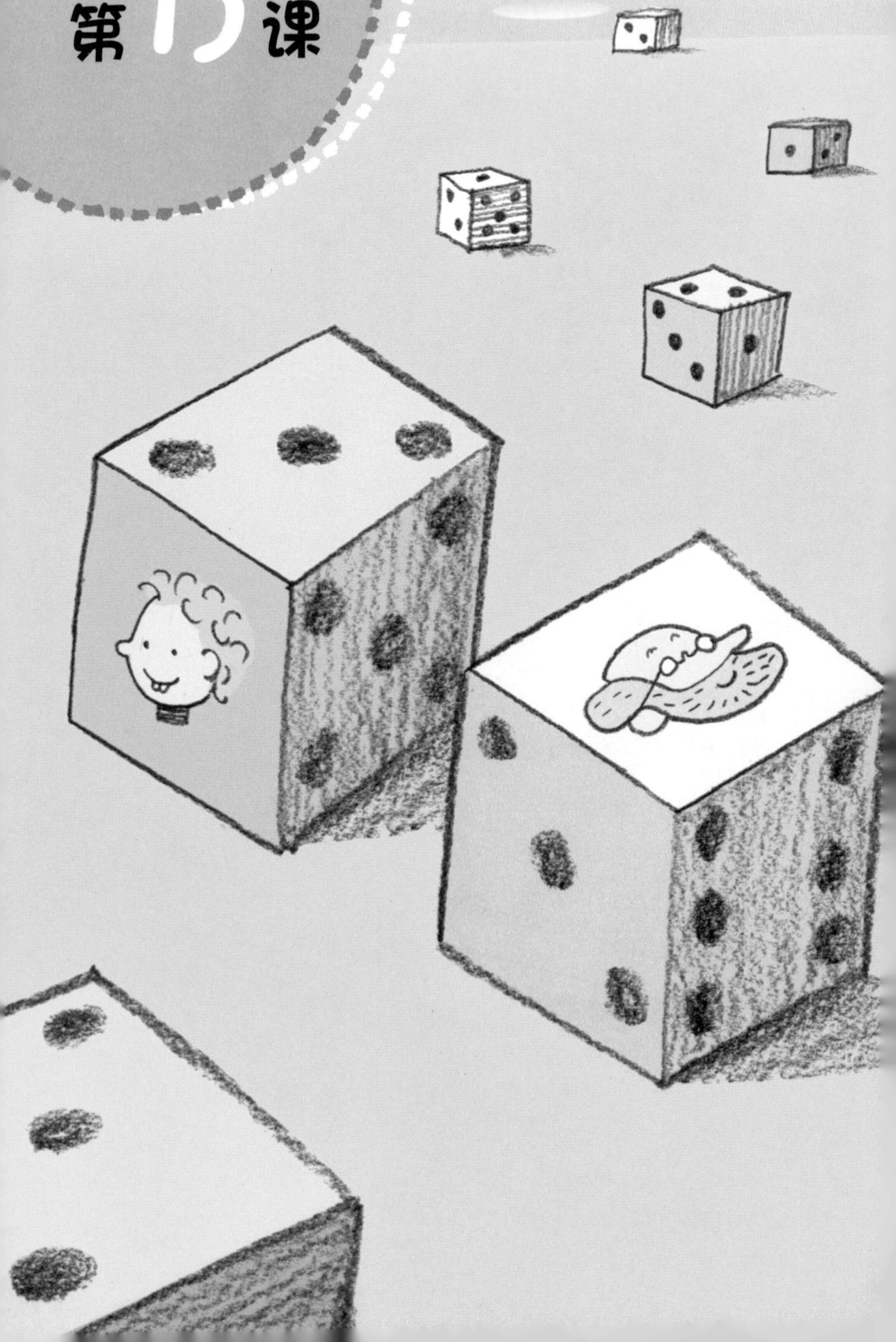

概率论

　　菲洛得了流行性感冒，4 天前请了假，一直没去上学，还好今天烧终于退了。没想到才刚好了一点，他就急着想要下床活动活动，尽管精力没有平常那么旺盛，但他也闲不住，玩起了游戏。

　　他玩的是角色扮演游戏，扮演故事里的主角，也就是在森林里迷了路的小树袋熊的爸爸。毛绒玩具扮演小树袋熊，它历经千辛万苦，一路受到毒蛇和肉食动物的攻击，最后终于找到了爸爸，投入了亲人温暖的怀抱。演完令人感动的相会场面后，温柔的父亲就摇身一变，成了一位身经百战的勇敢的司令官，陆海空作战样样精通，所向披靡，甚至在星际大战中也能把敌人打得落花流水。

　　弟弟非常喜欢玩这个游戏，妈妈都有点不高兴了，说他如果再玩这个游戏，恐怕身体会更不舒服。玩的时候，无论谁跟他说话，他总是心不在焉地回答："现在不行，我正在玩呢！"

简直就像外科医生在说"现在不行，我正在动手术"一样。

　　从惊险刺激的冒险到令人感动的亲人重逢，所有场景都在地板上——上演，他总是一个人关在房里，从头到尾都不站起来，直到走出房间为止。他要么整个人趴在地上，要么爬来爬去，再不然就东滚西滚，变换各种姿势，但绝对不会好好站着。这样，任何人从门口往里面看的时候，在与视线等高的位置都看不到任何东西，在和菲洛身高差不多的高度，也找不到人影，只好继续往下看。不过，就算一直看到地板，如果不仔细瞧，还是有可能把菲洛误认为是什么玩具。

　　实事求是地说，菲洛有时还是会站起来的，可是他一起来就会立刻跳上我以前做背部运动用的那根最高的平衡杆。这根

平衡杆现在放在墙边，坐在上面居高临下，能看到整个房间，任何偷偷进来的人都逃不过坐在上面的人的眼睛。而且，这里还是不想洗澡或洗手时的最佳避难所。

爷爷以前说过，玩游戏有益健康，他曾经很有把握地说："玩游戏不但能让心情舒畅，还能锻炼大脑，让想象力更加丰富！"

当然，菲洛经常把爷爷拉进他的游戏中。一开始，爷爷多半是为了让弟弟高兴才陪他玩的，但有好几次，爷爷也玩得来了劲，大喊着弟弟不守规矩，两个人吵成一团。当然，要赖皮的通常是菲洛，因为他很怕输，万一真的不得不承认犯规，他也会要求爷爷从轻处罚。

爷爷有关节炎，对地板上的游戏实在是力不从心，只能玩桌上游戏，他尤其喜欢玩扑克牌之类既需要牌技又要碰运气的游戏。而对于菲洛来说，只要是赌输赢的游戏，他都感兴趣，而且觉得自己向来吉星高照，绝不会输。不过为了加强运势，他还是在腰带上别了一只能带给他好运的幸运别针。一看到这些，我就会忍不住对弟弟说，如果你想当科学家，拜托别这么迷信好不好？弟弟听了，会小声咕哝，说我是因为经常输给他，忌妒了，才会这样说。

爷爷听了我的话之后说，人类在认识科学之前，经常用迷信来解释一切。他说："远古时代的人也知道凡事都有原因，如果搞不清楚，他们便会编造或设想出一些原因来自圆其说。

比如，他们会通过跳舞来祈雨，向神进献牲畜以求丰收，或是佩戴护身符以求在掷色子时获胜。其中的一部分人后来之所以成为科学家，就是因为他们编造的原因有时能解释得通，有时解释不通。于是，他们终于明白，事出有因的'因'绝不是变化无常、随兴而至的。事实上，如果某种原因产生了相应的结果，这些原因通常都是相对稳定、不会随意变化的。所以啊，你弟弟将来很可能会成为一个大人物，小魔术师变成小科学家的例子，简直不胜枚举呢！"

果不其然，弟弟马上就开始发问了。他说，前几天，他和好朋友法毕欧玩掷色子猜点的游戏时，法毕欧每次都猜7，结果弟弟最后竟然输了。他想知道这是为什么。

爷爷在回答之前，先向我使了个眼色，意思是说，你看，我就知道他会问这个。然后他拿出两颗色子，一颗是红的，一颗是绿的，并且画出两颗色子可能掷出的所有组合方式，还在相应的位置写出了两个数字相加的结果给弟弟看。

"你看看，两颗色子可能掷出 36 种结果，其中，7 点出现了 6 次，分别是 1+6、2+5、3+4、4+3、5+2、6+1。掷出其他组合的结果都少于 6 次。所以猜 7 赢的机会自然就比较多了。"

弟弟认真地听着爷爷的解释，一脸下定决心要扳回一局的表情，我看过不了多久，弟弟就会去找法毕欧挑战了。当然，为了练就一身"本事"，立于不败之地，弟弟十分专心地聆听着爷爷的讲解。

	·	··	···	::	::·	:::
·	1+1	1+2	1+3	1+4	1+5	1+6
··	2+1	2+2	2+3	2+4	2+5	2+6
···	3+1	3+2	3+3	3+4	3+5	3+6
::	4+1	4+2	4+3	4+4	4+5	4+6
::·	5+1	5+2	5+3	5+4	5+5	5+6
:::	6+1	6+2	6+3	6+4	6+5	6+6

	·	··	···	::	::·	:::
·	2	3	4	5	6	7
··	3	4	5	6	7	8
···	4	5	6	7	8	9
::	5	6	7	8	9	10
::·	6	7	8	9	10	11
:::	7	8	9	10	11	12

"在300多年前的1654年，法国有位头脑冷静、性格多少有些像职业赌徒的骑士，名叫梅雷，他对掷色子游戏也有着和你一样的疑问。为了得到答案，他特别向一位知名的数学家请教，这位数学家名叫帕斯卡，是他的朋友。帕斯卡对这个问题也非常感兴趣，他又写信告诉了一位好朋友。他这位朋友名叫费马，是一位律师，虽然不是职业数学家，却对数学有着很深

入的研究。他把自己的想法告诉了梅雷，之后更倾心于研究偶然性的问题，并在数学领域中为新的理论——概率论奠定了基础。这一理论主要是探讨一些随机现象，也就是研究那些只能用巧合或运气（aleatore）来解释的现象的出现规律。在拉丁文中，'alea'就是色子的意思。恺撒大帝在渡过鲁比肯河的时候，说了一句名言，'色子已经掷出'，表示木已成舟，没有退路。色子正是概率的象征。当然，掷色子时如果故意作弊、动手脚，那就另当别论了。

"掷色子前，我们完全不知道结果，但可以试着把所有可能出现的结果列出来，这可以帮助我们掌握各种可能性。我们

在第一行写下所有可能掷出的点数，然后在点数下方，写出这些点数可能出现的比例，也就是我们的期望值。如果我们没有在色子上动手脚，那么任何一个面都不会比其他面出现的可能性大，因此我们对 6 个可能出现的结果的期望值是相同的。

"也就是说，我们会对第一个面抱有 1/6 的期望，对第二个面也一样，可以这样写：

$$\left\{\begin{array}{cccccc} 1 & 2 & 3 & 4 & 5 & 6 \\ \dfrac{1}{6} & \dfrac{1}{6} & \dfrac{1}{6} & \dfrac{1}{6} & \dfrac{1}{6} & \dfrac{1}{6} \end{array}\right\}$$

"数学家称可能掷出的点数为随机变量。使用'变量'这个词是因为掷出来的结果是不确定的；'随机'这个词则表示结果由概率决定。第一行的每个数字，我们称之为'基本事件'，下面对应的数则是这个事件发生的概率。

"好，现在我们来看看掷两颗色子时的随机变量。首先，掷出去之后可能得到哪些点数呢？"爷爷说完，便将两颗色子可能掷出的所有情况，一一摆出来给菲洛看。

菲洛紧紧盯着那两颗色子的点数，很有把握地说："可能出现的结果有 2、3、4……直到 12，再也没有更大的了。"

"太棒了，你都懂了！"爷爷大声说，"接下来，请你试着把这些数字写到第一行，就像刚才我画的那样。现在，你要怎么确定各种结果可能出现的次数呢？是按照概率计算呢？还是和只有一颗色子时那样，各种结果出现的可能性都一样呢？"

"当然不一样了！我可没有那么笨，我再也不会上法毕欧的当了！因为我已经知道出现可能性更大的数字是什么了。可是，能用数字来说明这样做的原因吗？"

"试试看不就知道了。你可以把所有可能出现的结果想象成要分给许多人吃的水果馅饼。首先，我们要将馅饼切成36份，大小相同。这表示两颗色子可能掷出36种不同的结果。然后……"

"我懂了！"菲洛兴奋地说，"然后，我们在7这个数字下放6块，在8和6下面放5块，在5和9下面放4块……对了，用数字来表示，应该写成分数吧！"弟弟说完，立刻写了一张概率表。

$$\left\{ \begin{array}{cccccccccc} 2 & 3 & 4 & 5 & 6 & 7 & 8 & 9 & 10 & 11 & 12 \\ \dfrac{1}{36} & \dfrac{2}{36} & \dfrac{3}{36} & \dfrac{4}{36} & \dfrac{5}{36} & \dfrac{6}{36} & \dfrac{5}{36} & \dfrac{4}{36} & \dfrac{3}{36} & \dfrac{2}{36} & \dfrac{1}{36} \end{array} \right\}$$

"写得真棒！"爷爷高兴地说，"换句话说，用这一变量可能出现的次数除以总次数，就得到了每个点数出现的概率。"

爷爷稍停了片刻，继续说："这样还可以计算更复杂的事件的概率，比如，我们想要掷出2、3、4,也就是说，只要我们能掷出比 5 小的数，就算赢。在这种情况下，我们赢的概率有多高呢？这样说你听得懂吗？"

菲洛思考了一下，然后不太自信地回答："我想应该是把 2、3、4 可能出现的 3 种概率加起来吧。"

"没错，你真的懂了！来，让我们试着写出来。"

$$\frac{1}{36} + \frac{2}{36} + \frac{3}{36} = \frac{6}{36}$$

"那么，如果法毕欧说他要猜 7，我就会说：'好啊，可是我要猜 3 个点数，2、3、4 或 10、11、12，也就是出现概率加起来和 7 一样高的点数。'如果法毕欧不愿意，我就拿这个表给他看。哦，这叫什么变量来着？"

"随机变量。"爷爷一边回答，一边暗自高兴，因为菲洛不但从魔术师变成了科学家，还选择了和法毕欧沟通，而不是去报仇。爷爷心想，干脆趁这个机会，彻底给他讲清楚好了，于是继续说："两个人赢的概率不一样也没关系，只要改变一下输的时候需要付给对方的金额就行了。数学家特别设计了一些公平的游戏规则，不让任何参加游戏的人占到便宜。也就是说，每一位参与者赢的概率与奖金的乘积，都是一样的。这个乘积在数学中就称作期望值。在一个公平的游戏中，所有参与者都应该有相同的期望值。

"举个例子来说吧，假设你和法毕欧掷色子的时候，你猜

2，法毕欧猜 7。如果你出 1000 里拉，也就是说，当法毕欧掷出 7 的时候，你必须付给他 1000 里拉，那么，如果你掷出 2，法毕欧就必须付你 6000 里拉。这样，你们两个才能有相同的期望值。就像下面这样：

$$6 \times \frac{1}{36} = 1 \times \frac{6}{36}$$

"在意大利，购买奖券主要有两种方法，一种是用固定的钱数购买奖券，另一种是选择想获得的奖金额度，然后用一定比例的钱购买。为了符合公平原则，购买奖券的金额必须符合期望值，也就是说，要等于赢的概率与奖金相乘所得的积。可以写成下面这样：

购买奖券的金额 ＝ 赢的概率 × 奖金

"但是，很不幸，卖奖券的人在设计奖券时总是尽可能让规则对自己更有利，因此，到头来买的人都必须付出远超过期望值的金额。"

　　菲洛听了，简单地回答道："这也是没办法的事。"爷爷的这一番话，让他迫不及待地想和爷爷玩掷色子游戏。他也没多想，就说猜 7，并且劝爷爷猜 2。"这样，如果爷爷输了，只要付我 1000 里拉就行了，可是如果我输了，就得付爷爷 6000 里拉了。"弟弟一直认为猜 7 最好，而且很明显，他还是很相信自己的运气的。

　　爷爷一掷出色子，就目不转睛地盯着它们，想看看到底掷出了多少点。或许是因为概率的关系，不然就是护身符发挥了作用，最后还是弟弟占了上风。

　　"太棒了，我赢了！下次我要向法毕欧挑战，让他一输到底！"

有 96 条边的多边形

求圆周率

最近，菲洛不知从哪儿听说了占星术，甚至还认为占星术就是神谕。得知人能够预见未来，似乎让他受到了很大的震撼。

他不停地责怪家里的每一个人，抱怨我们没有告诉他可以事先得知每周的运势。"难道你们不明白吗？如果知道了神谕，或许生活就和现在完全不一样了！"弟弟失望地说，"或许我的日记就不会被老师用红色评语批评，也不会连续 3 天都被爸爸罚了。爸爸就是因为我把日记撕掉不给他看才生气的，不是吗？我相信，神谕一定会有提示，说我'在功课方面不太顺利'，那我只要乖乖待在家里，哪儿都不去，不就不会碰到这么倒霉的事了吗？明天我一定要问问葛拉兹老师，可不可以在每周一早上上课之前，先念一遍神谕。这么一来，我们就可以决定这个星期该做什么了。爷爷，您说对不对？大概老师之前没想到这件事，她一定会称赞我想出了这个对大家都有用的好点子。"

爷爷没有回答，似乎是认为应该尽快帮菲洛搞清楚天文学和占星术的差异。

"这个嘛……"爷爷开了个话头，但似乎又有些犹豫，不知该怎样说才好。突然，他灵机一动，想到了一个好主意。"菲洛啊，我们来做一个生日蛋糕，明天给妈妈一个惊喜，好不好？"

"好啊，就这么定了！"菲洛兴致颇高，立刻冲到厨房动手做起来，很快就忘掉了刚才的抱怨。

对弟弟来说，搅面粉、调黄油、打发奶油，通通都是世界上最好玩的事。不知道是把被爸爸处罚的事忘了，还是因为爷爷把他看作蛋糕师而感到得意，做蛋糕的时候，菲洛从头到尾哼着歌，心情非常愉快。

爷爷和弟弟一直想出版一本叫作《小美食》的书，已经陆陆续续总结了不少食谱。他们大致浏览了一下自己发明的食谱，决定做一个李子蛋糕。可是准备好材料和工具，打算开始做时，却出现了一个小问题：烤盘不合适！食谱上写着要用30厘米×22厘米的长方形烤盘，可是菲洛坚持要做一个最正宗的生日蛋糕，也就是圆形的蛋糕。

　　菲洛还举了一些奇怪的例子，说葛拉兹老师在讲分数的时候，总是会画一个圆形来讲解。爷爷也比较喜欢这种传统形状的蛋糕，因此按照菲洛的想法，找出了一个圆形的烤盘。

　　俗话说得好，麻烦总是接二连三地出现，果然，下一个问题马上就来了。爷爷问："可是，圆形和长方形的面积一样吗？"

　　菲洛说，那就先用卷尺量量圆形烤盘的周长，看它是不是与长方形烤盘的周长相等。根据菲洛之前测量的结果，长方形烤盘的周长是104厘米。

　　"可是，"爷爷说，"只测量周长没有用啊！周长相等的两个长方形面积也不一定一样大。"

　　爷爷说着，画了两个大小明显不等的长方形。

　　"那该怎么办呢？"菲洛沮丧地问，"葛拉兹老师在计算

长方形的面积时，会画很多小的正方形，用它们填满整个长方形。她说每个小正方形的面积是 1 平方厘米。对于长方形的烤盘，我们只要在长和宽上，每隔 1 厘米画一条线就可以了。你看，就像这样。

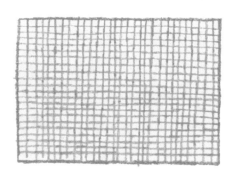

　　"可是，如果是圆形的烤盘，就没办法这样测量了，因为它的四周是弧形的。"

　　"我教你一个最快的计算方法，好不好？那是以前的学生告诉我的，虽然不是完全准确，但做蛋糕没问题。等会儿我们可以一边烤蛋糕，一边开动脑筋，想一个更准确的方法，也就是百分之百准确地计算圆形面积的方法。"

　　爷爷说着，拿起了一只装满干豆子的小袋子，把豆子倒进长方形的烤盘中，然后用手把豆子平铺在烤盘底部，尽量不留出大的空隙，也不让豆子堆叠在一起。

　　"你看，我用豆子来代替你说的小正方形。接下来，我要把铺在长方形烤盘里的豆子倒进圆形烤盘里。如果这些豆子也

能铺满整个圆形烤盘，那就证明它们的面积差不多；如果铺不满，那就表示圆形烤盘的面积比较大。相反，如果剩余的豆子太多，就表示圆形烤盘的面积比较小。"

"真是个聪明的办法！爷爷，让我来做好不好？我也想倒豆子。"弟弟说完，就哗啦啦地把长方形烤盘里的豆子倒进了圆形烤盘里。非常幸运，最后豆子只剩了两颗。

"太好了！"爷爷高兴地说，"两个烤盘的面积差不多，所以我们不用改变原料的分量了。"

于是他们俩继续加面粉、搅拌，忙着准备蛋糕，好不容易把面糊放进了烤箱，他们这才开始讨论起圆形面积的测量方法。这可是道难题，因为圆形没有角。于是，爷爷从古老的时代说起。

"首先，我要介绍一位非常了不起的人。不管是圆形，还是——用你的话来形容——各种歪七扭八的形状，他都能用非常酷的方法算出它们的面积。他就是阿基米德，你听说过吗？"

"当然听说过啦！他为米老鼠发明了各种各样的东西！"

"不是，我说的不是漫画里的那个阿基米德，而是一个真实的人，迪士尼只是借用了他的名字。"

"是吗？我倒是没听说过爷爷说的这个阿基米德。"

"阿基米德是历史上最伟大的数学家之一，几乎是无人不知，无人不晓。不过，他的伟大还不止于此，他也是一位优秀的天文学家，毫不逊于他的父亲。当罗马军队包围了他居住的小城叙拉古时，他带领叙拉古人用凹面镜原理把太阳光聚焦在罗马人的木制战舰上，将它们付之一炬。"

"结果罗马军队被打败了吗？"

"没有，很遗憾，他的作战方法只是暂时吓住了罗马人。阿基米德还发明了性能优越的防卫性武器，使叙拉古在罗马军队的包围下，支撑了3年之久。不过，在公元前212年，这个城市还是沦陷了，阿基米德也被杀害了。

"罗马人实在太愚蠢了，竟然把这么伟大、对全人类都有极大贡献的天才给杀了。到底是谁杀了他呢？"

"真实情况没有人知道，不过据传说，当时他正在地上画图思考，一名罗马士兵走过去，踩了那些图。阿基米德急得大喊，别碰我的图！野蛮的士兵被激怒了，于是杀了他。"

"我就是没办法喜欢罗马人……甚至在漫画或卡通片里，他们也总是扮演让人讨厌的坏蛋！"

"阿基米德的故事虽然只是传说，却告诉人们：靠武力取胜只能说明这个民族缺乏丰富的感性。其实，这个故事中的部分内容还是很符合事实的。阿基米德对于圆形的研究非常了不起，他发现，只要知道了直径，就可以算出圆的周长。你知道直径是什么吗？"

"当然知道了。我画给你看，就像这样：

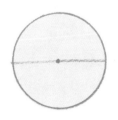

"在圆周上任取一点，把它和圆心相连，就可以得到半径，就像自行车轮上的细钢条一样。延长这条线，与圆周上的另外一点相交，就得到了直径。直径有无数条，每一条的长度都相等。"

"你说得很对！"爷爷称赞道，"当时的几何学家都知道，每一个圆的周长大概是它直径的 3 倍多一点。举例来说，一个花坛的直径是 10 米，那么它的周长大约就是 31 米。不过，希腊的几何学家是出了名的严谨，这样粗略的数字并不能让他们满足，他们想尽办法，想要找到一个更准确的公式。比如说正方形，只要知道了边长，就可以准确地算出周长，对不对？可是圆的面积问题直到现在还没有确切的答案。"

"为什么说'直到现在'呢？难道阿基米德没有给出答案吗？"

"阿基米德给出了答案，他告诉我们，这个问题没有解。"

"爷爷，你别开玩笑了。这根本就是在玩文字游戏嘛！"

"不，这不是文字游戏。我们碰到的问题，有些有答案，有些没有人知道答案，有些没有答案，有些没有人知道有没有答案，有各种可能。"

"我快受不了了！怎么这么复杂啊？"

"我们再来看看圆的周长问题。为了解答这个问题，阿基米德投入了所有的精力和想象，尽管非常困难，但他始终不灰心，一步一步地抽丝剥茧、寻找线索。形象地说，他的做法就像警察破案一样。当警察无法立刻逮捕犯人时，就会先派人看住犯人，把他围在中间，然后一步步逼近。这是一种新的思考方法，我马上就会讲到，你要仔细听啊。

"阿基米德的思路大概是这样的：假设有个直径为 1 米的圆，我们不知道它的周长，但可以测量出圆的内接六边形和圆的外切六边形的周长。

"看一下这幅图就明白了，圆的周长比内接六边形长，比外切六边形短。这样，就可以算出圆周长的近似值了。如果我们把六边形的边数增加到原来的两倍，那么这个多边形的周长和圆周长之间的差距就会再缩小一些。

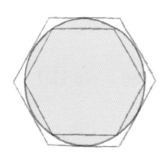

"如果把多边形的边数再增加 1 倍，那么这 3 个图形周长的差距就更小了。虽然我们仍然不知道圆周长的确切数字，但可以肯定，它的数值应该在内接多边形的周长和外切多边形的周长之间。换句话说，我们已经找到了两个负责守卫的警察了。这就是阿基米德思考的逻辑。你觉得怎么样？"

"嗯，实在太酷了，真是一位超级天才！"菲洛听得一脸崇拜，还忍不住"啾"的一声吹了一下口哨。

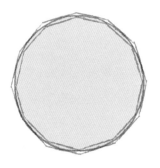

"还有呢。"爷爷接着说,"阿基米德两倍两倍不断地增加多边形的边数,最后画出了一个有 96 条边的多边形。这时,他发现如果圆的直径是 1,那么它的内接多边形和外切多边形的周长分别是:

3.140······和 3.142······

"那么，圆的周长就应该是：

$$直径 \times 3.141\cdots\cdots$$

"这个小数点后面跟着无数个数字的数有一个希腊名字，叫作'π'（pai）。这是一个希腊字母，来自周长（perimetro）这个词。换句话说，π 是圆的周长与直径的比值，因此要想知道圆的周长，只要用直径乘以 3.141……就行了。"

"爷爷，那你为什么又说阿基米德并没有解出确切答案呢？"

"我刚才说过，π 的小数点后面，跟着一长串数字，无穷无尽，不管我们计算到小数点后的多少位，得到的依然只是个近似的数值。圆的周长与它的直径之比无法用分数来表示，就像正方形的边和它的对角线之间的关系一样。

"阿基米德的伟大之处就在于，他告诉了我们如何决定 π 的小数点后应该保留多少位数字的方法。简单说，只要不断增加多角形的边数即可，就像缩小包围圈一样。我们可以根据具体情况来判断要精确到什么程度。"

"爷爷，那我们要怎样才能计算出圆形烤盘的面积呢？"

"菲洛，这个问题我们下次再说，咱们得把蛋糕从烤箱里拿出来了。味道多香啊，一定烤得恰到好处！"

第17课

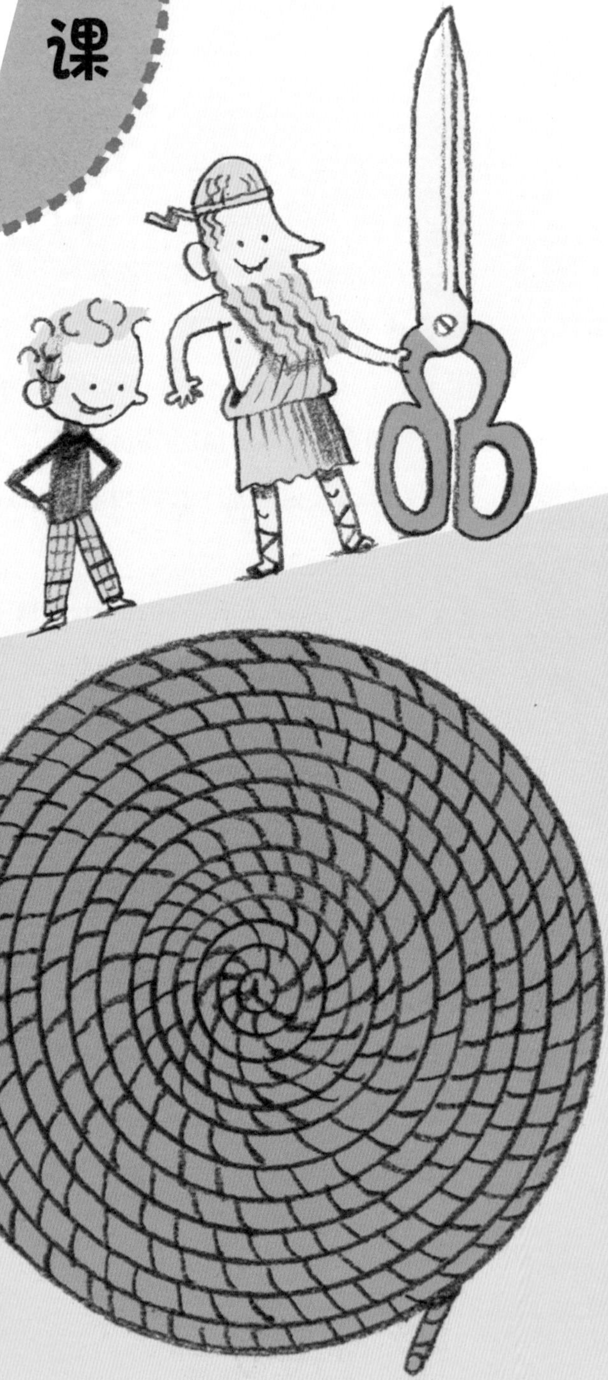

把圆分解成三角形
计算圆的面积

　　把蛋糕从烤箱中拿出来，整个厨房都弥漫着诱人的香气。为了第二天给妈妈一个惊喜，菲洛和爷爷决定偷偷把蛋糕藏在起居室的橱柜里。

　　"好，大功告成了，这下我们可以重新回到圆的面积问题上了。"爷爷趁着他唯一的学生还没有想起其他好玩的事情，赶紧拿起他常用的黑板，大声说，"来，我们先复习一下。刚才已经讲了如何计算圆的周长，后来，阿基米德又提出了一个公式，用来计算周长：

$$周长 = 直径 \times \pi$$

　　"接下来，我们要思考一下，圆的面积如何表示，看看下面这个漂亮圆形的面积应该如何计算。

"不过在此之前，我要先给你看一个我最喜欢的圆。"

爷爷说完，就走回房间，拿出了一块老旧的圆形针织餐巾，上面还有他学生时代的照片。

"怎么样，很漂亮吧？这可是你的曾祖母织的呢。你仔细看一看，从餐巾的中心开始，有许多越来越大的圆，一个套着一个，圆与圆之间又编织着许多线。"

"真的！爷爷的妈妈手真巧，可是我一点都不想学编织！去年夏天，爷爷不是才教过我十字绣吗？"

"你不用担心，我拿这块餐巾出来是要告诉你，我们现在画的这个圆，也可以分解成许许多多的线。想象一下，现在我们要顺着圆的半径剪一刀。

然后将每一根线拉直，按顺序排在一起，就像下面这样。"

半
径

圆的周长展开

"变成了一个直角三角形啦。"

"没错，是一个底边等于圆的周长，高度等于半径的直角三角形。这个三角形的面积恰好是长和宽分别等于两条直角边的长方形面积的一半，可以这样计算："

圆的周长 × 半径 ÷ 2

"能想出用线来计算，实在是太巧妙了！爷爷，这是你想出来的吗？"

"当然不是啦，我只是模仿了阿基米德的做法，他才是第一个想到用大量的细线来分解圆形面积的人，他一直想尝试着把圆的面积转化成更简单的图形的面积来计算。

"阿基米德写信把这个点子告诉了一位和他同样伟大的埃及数学家埃拉托塞尼。埃拉托塞尼在埃及的亚历山大城担任著名的亚历山大图书馆馆长。之前，他靠一根短棍和影子，就测出了地球的周长，令人惊叹。

"阿基米德还写信告诉这位朋友如何测量不规则（也就是说边不是直线）图形的面积，遗憾的是，那份羊皮手稿不见了。

"这实在是太可惜了。后来，其他数学家花了 1800 多年的时间，才想出了计算不规则图形面积的方法，并且提出了计算这种不规则图形面积的公式。等你上中学以后，就会学到这种方法了，这为积分法奠定了基础。"

"这个和阿基米德想出同样方法的天才，叫什么名字？"

"他是一个修士，是伽利略的弟子，名叫卡瓦列里。"

"可是，大家怎么会知道是阿基米德想出了这个方法呢？"

"那是因为，1906 年一位丹麦研究者在君士坦丁堡图书馆发现了阿基米德亲笔信的手抄本，上面说明了这一理论。这份写在羊皮上的手抄本是 10 世纪的东西，之前从来没有人发现，上面的文字已经模糊了，还曾经被用来抄写祈祷书。"

"爷爷，幸好以前的人不像现在这么浪费纸，否则我们可能永远都不知道，阿基米德曾经想到用线来计算圆的面积了。"

"是啊，不过如果能在被用来抄写祈祷书之前，发现阿基米德的证明方法的重要性，那就更好了。那样，不管是数学还是其他科学，或许会远比现在更为进步。我们不仅能以更快的速度计算出不规则图形的面积，更重要的是，还能通过那封信了解阿基米德的思维方法，因为阿基米德还在信中告诉朋友，他是怎样有了这么多重大数学发现的。"

　　"爷爷，如果我们知道阿基米德的思考方法，说不定也能发现些什么呢！"

　　"在信里，阿基米德很坦率地告诉朋友，碰到任何问题都不要先拿起纸笔写下来进行证明，而是应该利用工具作各种尝试，找出可能的解答方法，再通过抽象、严谨的逻辑推理，来证明之前的思考是正确的。"

　　"可是，这也没有什么特别的啊，我遇到问题的时候也是这样做的。我一定会先找找，看有没有什么能利用的东西，然后开动脑筋，想办法用那些东西来解决问题。"

　　"你说得很对，就是要这样做！可那时抽象、严谨的几何学刚刚诞生，研究人员担心，如果不谨慎地使用这种好不容易才掌握的准确而符合逻辑的方法，就会产生错误的结果。这样的担忧阻碍了人们发挥创造力。如果当时的科学家能充分利用阿基米德的思维方法，说不定早已掀起了伟大的科学革命！"

"那现在还有像阿基米德那样伟大的天才吗？"

"有啊，现在的数学家们有非常丰富的创造力，就像过去阿基米德利用各种工具来解决问题一样，他们也会灵活地应用电脑。

"我们来看看，他们想出了什么方法计算下面这个不规则图形的面积。

"首先，他们在这个不规则图形的外围画了一个能够很容易计算出面积的图形，比如，可以画一个长方形。

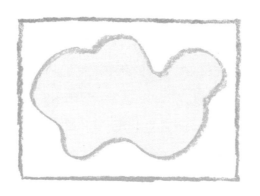

"然后，他们在长方形上按照一定的密度均匀地画满了

小点。

　　"数一下这些小点，发现恰好有一半位于不规则图形内部，那么，请问它的面积是多少啊？"

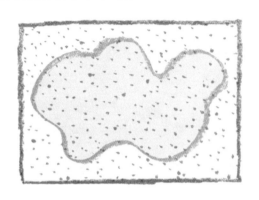

　　"我想应该差不多是长方形的一半吧。"

　　"那如果位于不规则图形内的小点只占总数的 1/3 呢？"

　　"那它的面积就只有长方形的 1/3 吧。可是爷爷，这样的方法并不是完全准确吧！"

　　"没错，并非完全准确，但也八九不离十。小点的数量越多，结果的可信度就越高。这时，计算机就非常有用了。再过几年，等你学会应用一些简单的程序，就可以利用电脑模拟将大量小点随机分布在长方形内，然后计算出不规则图形内的点数及其与长方形内全部点数的比例。这种做法被称作'蒙特卡罗方法'，它的名称就来自于著名的赌城蒙特卡罗，但概率可不仅仅能用在赌博上，你说是不是？"

　　"如果会用电脑，我想，阿基米德一定会有更多的发现。

他的信也一样，如果能用因特网来发送，就不会弄丢了。"

"说的也是。你猜，那封著名的信件副本后来怎样了？它被美国一个富有而神秘的收藏家，花了两百万美元买走了！当然，后来希腊政府还是把它买了回来。"

"两百万美元？！"

"更棒的是，现在我们已经可以通过因特网看到这封信的内容了，人们还给它取了个名字，叫《阿基米德方法》。没错，现在每个人都可以看到，世界上的任何一个人都可以！"

第**18**课

不可思议的斐波那契螺旋线

黄金比例表现形式
的多样性

毛洛叔叔又到我家来做客了，而且和往常一样，给可爱的侄子菲洛带了一份小礼物。当然，他也一如往常地在把礼物交给菲洛之前，问了那个老问题："你喜欢上学吗？"

"嗯，我超喜欢！"菲洛很有精神地回答，"学校有好多朋友，下课可以一起在校园里玩，还可以捉弄女生，只要不被葛拉兹老师发现就好……不过，最棒的一点就是，生病时可以休息不去上学！"

"只要说第一句'我超喜欢'就够了，剩下那些我看不说也罢！"叔叔边把礼物递给菲洛，边小声嘀咕。

叔叔和菲洛都特别喜欢海螺，说它们是"自然的雕刻"，因此叔叔也没有花太多心思去选别的礼物，而菲洛一摸也猜到了里面是什么。那是一颗美得耀眼的海螺，螺壳的环形花纹上还有横向的花纹。

接下来，他们叔侄俩聊了好长一段时间，话题当然都跟海螺有关。

之后菲洛给毛洛叔叔泡了一杯爸爸妈妈都品尝过的"咋舌咖啡"，向他致谢。叔叔品尝那杯黑色"特调"咖啡时的表情可真是难以形容啊！不过，叔叔的视线很快就转向了厨房里的那块黑板。他每次都这样，一看到那块黑板就不能自已，似乎认定，它放在那儿就是为了数学讲座用的，于是立刻在上面画起图来。他没有动黑板上写的水果和蔬菜的名称，只擦掉了上面写的算术习题，画了一个非常漂亮的长方形。

"爷爷已经教过你黄金长方形了吧。"叔叔看着又开始冲泡咖啡的侄子，很自然地问。

菲洛最近对珠宝非常着迷，只要看到佩戴宝石的人，一定

要问清楚宝石是真是假，因此一听到这句话，便迅速把脸转向了那个"特别"的长方形。

"黄金？哪里有黄金？您该不会是指爷爷说的那个什么黄金比例吧。那种东西啊，就算有再多，也没法拿它去换别的东西。像爷爷说的那些数学家，脑子里全是数学，按照他们的说法，别人会误以为遍地都是黄金呢！"

"也难怪你会这么说。这个长方形之所以被称为黄金长方形，就是因为它的宽和长符合黄金比例。它的长乘 $0.618\cdots\cdots$ 等于宽，这就是黄金比例，对不对？你还记得吗？"

"当然啦！我怎么会忘呢？托爷爷的福，我现在整天都在寻找黄金呢！"

接着，叔叔把刚才那个长方形，分解成了一个正方形和一个长方形，还告诉菲洛，那个新的长方形也是黄金长方形，因为它的宽与长仍然符合黄金比例。

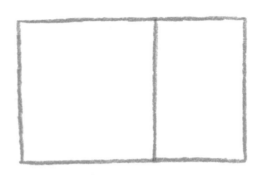

　　叔叔又将这个新的长方形分解成一个正方形和一个长方形，然后一直这样分下去。最后，他用弧线将每个符合黄金比例的长方形的 3 个角连接起来，结果就像变魔术一样，竟然画出了斐波那契螺旋线！

　　"实在太酷了！"菲洛惊叹道，"简直就像太阳风卷起的旋涡，或是旋涡星系的旋臂。"

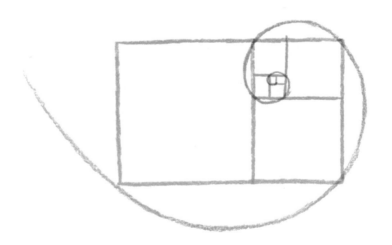

"这种螺旋线真的很美，伟大的数学家伯努利甚至想将它雕刻在自己的墓碑上。可惜雕刻师误将阿基米德螺旋线刻了上去，所以可怜的伯努利现在还没有达成心愿。

　　"数学家给斐波那契螺旋线取了各式各样的名字，像对数螺旋线、生长螺旋线、等角螺旋线，等等。对你来说，也许每个名字都很难理解，但这些名称都表现了这种螺旋线的特点，这些暂且不说。

　　"斐波那契螺旋线在自然界中随处可见，雏菊和向日葵的花蕊就是由许许多多螺旋线集合而成的。菠萝、洋蓟和松果等的结构，也都以不同的方式表现了这种螺旋线。比如，宝塔菜花上的螺旋线，那简直太美了。还有一点更令人惊讶，这些螺旋线的数量大都与斐波那契数列一致。以雏菊为例，花蕊中有13 条螺旋线是按一个方向排列的，而在另一个方向上则有 21条螺旋线。向日葵的种子按两种不同方向排列的螺旋线分别有34 和 55 条。总之，都是斐波那契数列中两个相邻的数。

　　"在生物体上也常可以看到斐波那契螺旋线，例如壳、角、爪或牙齿等。你不觉得这很神奇吗?"

晚餐时,妈妈为了向螺旋线致敬,特意煮了洋蓟意大利面、奶油焗宝塔菜花沙拉,最后还上了一道菠萝布丁当点心呢。

笛卡尔坐标系

最近菲洛遇到了一个大问题，为此烦恼不已。其实问题很简单，那就是要收集足球运动员卡片还是动物卡片。他把刚好可以买一本集卡册和两盒卡片的零用钱翻来覆去地数了许多遍，始终没办法决定。

菲洛喜欢动物，照理说选动物是最自然的，可是他的那些死党都在收集和交换足球运动员卡片，如果他选择收集动物卡片，就不能参加在学校举行的那些超级有趣的"买卖"了。除了会一次又一次地错过刺激程度不逊于华尔街股票交易所的"交换游戏"外，他还可能成为全校对足球比赛最迟钝无知的男生，这就更糟了。爸爸和爷爷都不太爱看足球，所以菲洛几乎从未在他们身上感受到对足球的热情。

昨天菲洛告诉爷爷，他正在烦恼，不知道该收集动物卡片，还是足球运动员卡片。爷爷思考了一下，最后建议菲洛选择动物卡片。

"爷爷，还是收集动物卡比较好，对不对？"菲洛附和着说，"足球运动员动不动就换球队或宣布退役，动物却不会，收集满一本册子，就不用再不断更新了。而如果收集足球运动员卡片，就得每年更换新卡片！"

"没错，你想得很清楚嘛，说得非常有道理。作为奖励，爷爷明天带你去玩具店买一本卡片册送你！"

不料今天菲洛从学校回来后，又开始支着头东想西想，犹豫不定了。

"爷爷，我今天碰到了迪亚哥，他上四年级，平常都要大家叫他马拉多纳。我跟他说，我觉得知道树袋熊吃什么比知道皮耶罗踢进几个球重要多了。结果你猜他怎么说？他说，树袋熊都快灭绝了，研究它们有什么用，完全是浪费时间。而且因为臭氧层空洞越来越大，还有很多动物迟早会灭绝的，所以他宁愿每年做一本新的足球运动员卡片册。这样，一开学，他就可以换到更多的卡片了。他说得真的很有道理。爷爷，你说我该怎么办才好呢？"

没想到，当他们爷孙俩来到玩具店的时候，足球运动员卡片册和动物卡片册都已经卖光了，一本也没剩。结果他们精挑细选，最后买了附赠米老鼠精美日历的海战游戏玩具。既然已经不用再为要买什么卡片烦恼了，爷爷和菲洛连忙赶回家，希望能赶快开始玩海战游戏。能够买到别的玩具，最高兴的人其实是爷爷，他开心地击沉了铁甲战舰，炸毁了驱逐舰，又轰炸了大西洋巡洋战舰和斯库纳帆船，不知不觉间竟把整个海洋变成了一个完美的笛卡尔坐标系。

"我敢打赌，想出海战游戏的人，一定是数学家！"爷爷说完，正打算提笛卡尔的名字，菲洛却急忙大声反驳道："我才不相信呢！这一定是哪个海军大将发明的！"

"不对！不对！一定是笛卡尔，我越想越有道理。"爷爷自信地说，"笛卡尔生活在 16 世纪到 17 世纪的法国，他不但是一位数学家，还是一位伟大的哲学家。他活着的时候经常说的那句拉丁语格言到现在依然脍炙人口（哦，对了，以前有学问的人都使用拉丁语），就是'我思故我在'，意思是，因为我在不断思考，所以我是存在的。他认为，思考是人类最重要的工作！所以，我想你大概可以猜到，他每天都会花好多好多时间来思考。"

"嗯，这么说来，说不定海战游戏确实是他发明的。他发明这个游戏或许是打算在思考了太长时间、头昏脑涨的时候，和朋友们玩玩轻松一下吧。"

"他整天都在思考，有一天，脑海里突然冒出一个新点子，他发明了一种叫'坐标'的东西。这是一种推断位置的方法，就像地球的经线和纬线一样。"

"就像我们镇的地图一样吗？"菲洛说，"妈妈每次开车的时候，都让我帮她看地图。葛拉兹老师也给我们出过类似的问题。他要我们按照顺序写出上学路上要经过的地图区。我会经

过 A5 和 A6 区。"

"嗯，没错，城市的地图和经纬线都是一种坐标。笛卡尔构想出来的是最原始的，他的图和现在的不太一样，但本质上完全一致。人们为了向如此了不起的思想家致敬，把它称作'笛卡尔坐标系'。我画在黑板上给你看。

"坐标的想法其实很单纯，却给数学方法带来了革新，同时也为其他需要应用数学方法的科学带来了革新。1637 年，笛卡尔在荷兰发表了一篇论文，题目是《几何学》，里面论述了坐标。后来人们发现，笛卡尔的这一方法对整个科学界有着极大的贡献，于是认为 1637 年标志着解析几何的诞生。

"那是一个科学成果日新月异、不断发展的时期，一年后，同样是在荷兰，伽利略出版了《关于两门新科学的对话》一书，动摇了当时的许多旧观念与知识。关于这些，以后我再找机会告诉你，我们还是先回到笛卡尔坐标系吧。

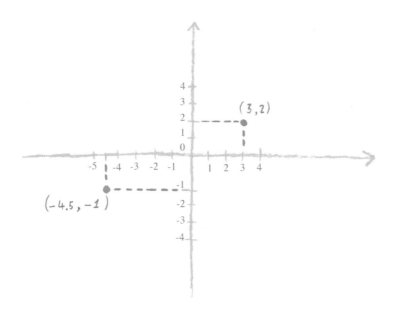

"你要仔细听。坐标系由两条直线垂直相交构成，每条直线上都包含了你已经知道的所有数字，包括整数、小数，以及正、负数。水平线上的数字从左到右越来越大，垂直线上的数字则是从下向上越来越大。坐标系的原点是0，水平线和垂直线相交于这一点。

"现在，我们从原点出发，先沿水平方向移动，接着沿垂直方向移动，就可以到达这个平面上的任何一个位置。举例来说，我们要到图上右侧这个点，只要水平向右走三步，再垂直向上走两步就可以了，我们可以用一组数字（3，2）来表示这个点。如果接下来我们想从原点走到图中左侧这个点，就要水平向左走四步半，再垂直向下走一步，这组数字就可以写成（−4.5，−1）。

"最重要的是决定先往哪个方向走，是往水平方向走，还是往垂直方向走。比方说，水平向右走三步再垂直向上走两步的那个点，和先垂直向上走三步再水平向右走两步的点位置是不同的，也就是说，（3，2）和（2，3）这两组数字不同。由此就产生了坐标系中的基本规则。简单说，第一个数一定是表示水平方向上的位置，第二个数则表示垂直方向上的位置。数学家们为了避免混淆，把第一个数称为横坐标，第二个数称为纵坐标。"

"可是，这么简单的事为什么不仅会影响数学，还会给其他科学带来革新呢？您是不是为了不让我走神，故意说得这么夸张呀？"

"我才不会这么做呢！我说的都是真的，你仔细听就知道了。

"我们周围的事物，不管是数量还是大小都会发生变化，当然，也有一些东西暂时不变。比如，你的身高、这个房间的温度、正在加的汽油，等等，都是会变的，对不对？可是这个房间的大小、窗户的数目，以及桌腿的数量等，却是不变的。

"如果大小、数量不变，那就没什么问题，只要测量一次就够了。可是如果是不断变化的东西，就很难掌握了，对吧？因为刚刚才量过，可能马上又变了，所以要表示它们的数量就变成了一个难题。对数学家来说，知识是最根本的。事实上，数学这个词的意思就是'学习'并'得知'，来自于希腊文中的'mathema'。总之，笛卡尔坐标系就像是电影院中的银幕，可以反映出事物变化的轨迹，因此非常适合用来表示变化的情况。

"我们来看看，有没有什么好例子。来，翻翻今天的报纸……你看，这里有个图表，它表示意大利的人口数量在一定时间段内的变化状况。

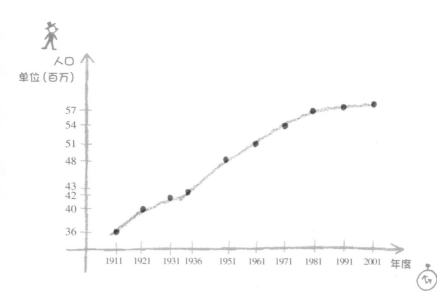

"那条水平方向的直线上标注着年份。说起来啊，时间正是最典型的不断变化的事物。垂直方向的那条直线上则标注着人口的数量值。你觉不觉得，这幅图比只列出数字的表格更清楚呢？我们一眼就可以看出，人口数量在不断增长，对吗？

"将不断变化的数量一一标示在直线上的确是个不错的方法。可是，如果像下面这样，将时间和人口这两种同时都在变化的东西简单地分别标在两条水平的直线上，我们就很难理解整个变化情况了。

年度

人口

"这两种变化是相互关联的，要表示每年的人口数量，就要把这两条直线画到一张图上。能想出这种方法正是笛卡尔令人钦佩之处。他用这种方法划分平面，充分利用人类视觉能够涵盖一定面积的能力，并且将数字组合在一起（时间和该年度的人口数量）表示为平面上的点，一目了然。

"再举一个更贴近我们生活的例子。上个星期，我们请水电维修公司来家里修水管，你记得吗？水电维修公司说，修理费的计算方式是，基本费用 10000 里拉，每工作 1 个小时再加 30000 里拉，所以我们要支付的修理费会随着修理时间而变化。写出来就像这样：

$$费用 = 30000 × 时间 + 10000$$

"这里有两个变量，分别是费用和时间，其中，费用由时间决定。以数学术语来表示，费用就是时间的函数，其中费用称作因变量，时间则称为自变量，而 30000 和 10000 这两个数字不变，所以称为常量。

"来，我们继续往下讲。我们将这些数字写到笛卡尔坐标系上，先画一个表格，第一栏写上修理水管可能要花的时间，第二栏则写上相应时间要花的费用，就像这样：

修理时间（小时）	1	2	3	4
费用（千里拉）	40	70	100	130

"好，接下来我们用笛卡尔坐标系来表示，你猜结果会怎样。看，我们把这几组数字移到笛卡尔坐标系中，点竟然排成了一条直线！

"从这幅图就可以知道，表示时间和费用的其他数组，也会落在同一条直线上。也就是说，如果想知道修理两个半小时要花多少钱，只要看这张图就够了。这样，我们会从图中看

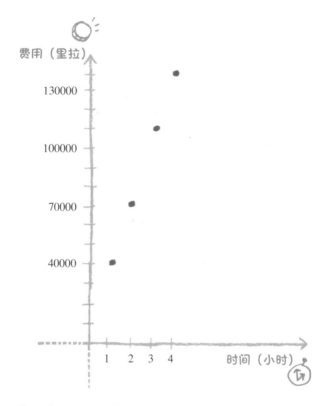

费用（里拉）

130000

100000

70000

40000

1　2　3　4　　时间（小时）

出，费用为 85000 里拉。

"如果我没记错的话，好像妈妈还给另外一家水电维修公司打了电话询问修理费。那家公司每小时要 20000 里拉，基本费用则是 30000 里拉。我们可以这样写：

费用 = 20000 × 时间 + 30000

"后来我们请了第一家水电维修公司来修理，可是这样做

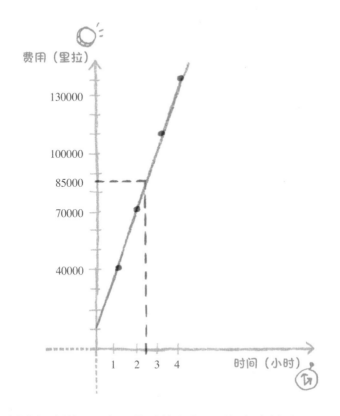

到底划不划算呢？如果能计算出来，不是很有趣吗？

"笛卡尔坐标系也是最理想的比较工具。我们可以在第一家水电维修公司的坐标系中，画出第二家水电维修公司要求支付的费用。

"从笛卡尔坐标系可知，如果修理时间不超过两小时，那么，请第一家水电维修公司比较划算，如果超过两小时，请第二家修理比较划算。"

"如果刚好需要两个小时，那就请哪一家都一样喽？可是

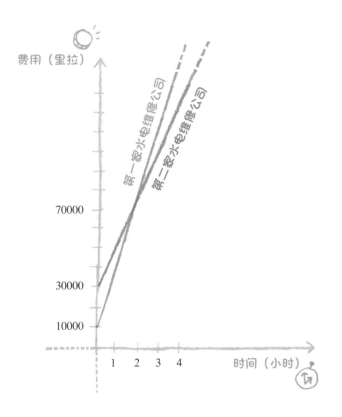

爷爷，水管坏了，难道不能自己修吗？那不是比请维修公司划算多了吗？"

"那当然了，不过所有的事情都自己做，可是非常困难的。不管怎样，那天只花了一个半小时就把水管修好了，所以我们选择第一家水电维修公司是正确的。

"像这样，遇到有关数量变化的问题，我们经常可以用这种方法来作决定。再举一个例子，这是我以前担任这栋楼的财务时学到的。

　　"大楼的暖气一天要耗费多少燃气，要看住户一天使用几小时暖气。我们这栋楼的暖气每小时要消耗 10 升燃气，而锅炉启动时还要用 2 升。因此，我们可以用下面这个等式来表示燃气用量随时间推移而变化的情况。

燃气用量 = 10 × 时间 + 2

　　"虽然数值不同，但计算方式和计算水管维修费是一样的，也就是说，可以用一条直线来表示，这种方法称为直线方程。

"就像你看到的，这种方法能够应用于许多情况，可以写成公式：

$$因变量 = \cdots\cdots \times 自变量 + \cdots\cdots$$

"用'……'表示的部分，可以根据实际的情况填写具体数字。

"事实上，数学家们会用更简单的方法来表示。就像圣诞节要吃米兰水果蛋糕①，复活节要有彩蛋一样，数学家们用 y 代表因变量，用 x 代表自变量，然后用 m 和 q 来表示两个常量。所以，直线的一般方程式就可以这样写：

$$y = mx + q$$

"爷爷，只要有两个变量，无论在什么情况下，都能画出直线来吗？"

"那可不一定。画出来的图形可是五花八门，有一些是比直线稍微复杂的图形。我想，再过两三年你就会学到了，现在我先画两三种给你看看，让你有个印象。"

"不知道这些图形会用在什么地方，不过看起来就感觉很

---

①一种意大利人非常喜欢吃的传统圣诞蛋糕，原产于米兰，里面包裹着水果干，口感介于蛋糕与面包之间。——编者注

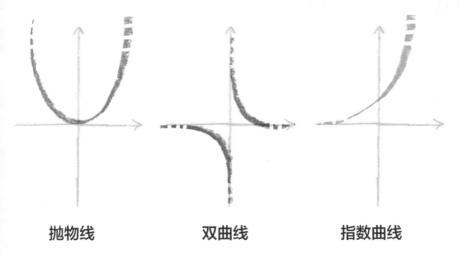

抛物线　　　　　双曲线　　　　　指数曲线

有用。现在我知道了，发明海战游戏的人应该就是笛卡尔。好吧，为了回报笛卡尔，现在我要大发威力，把最后一艘战舰击沉！"

第**20**课

大自然中的几何图形

分形

从几天前开始，我们的情绪就一直很低落，因为爷爷明天要离开我们家了。

爷爷要去毛洛叔叔家住一阵子，因为我们那些堂兄弟也很想念爷爷，一直希望他去。全家最沮丧的当然是菲洛，他一听到这个消息，就钻进被窝，抱着那块用来代替树袋熊毛绒玩具的破布，哭了好久。

不过，之后他擦干了眼泪，开始行动。昨天，他给我看了刚写好的一封信，说是要寄给那些堂兄弟，上面写道：

我亲爱的堂兄、堂弟：

你们好！

为什么不能让爷爷在我们家多待一段时间呢？我可不可以和爷爷一起去你们家呢？请尽快回复我，因为如果可以的话，我得准备一下行李。我会带一些电动玩具过去，虽然你们已经长大了，但还是可以玩的。我可是电动玩具天才哦！现在我非常伤心，请你们满足我的愿望。我每天晚上临睡前都很想哭，白天听葛拉兹老师讲数学课，也会忍不住流下眼泪来。就写到这里吧。

你们的小堂弟菲洛　敬上

我花了好长时间劝说菲洛，他不能不去上学，而且其他堂兄弟也很想念爷爷，想见见他。我讲得大汗淋漓，口干舌燥，好不容易才说服了他。

今天一早，爷爷就出发了。

快到放学时间了，我去校门口接菲洛，他一看到我，立刻飞奔过来，把脸埋在我衣服里，哭了起来。

回到家，我冲了菲洛最爱喝的热巧克力，然后让他教我做爷爷教他的特制比萨饼。他开始很不情愿，推三阻四，不过，等浑身沾满面粉和黏糊糊的番茄酱后，他终于慢慢产生了兴致。

我们花了一个小时揉面做饼坯，终于把成品放进了烤箱，等待美味的玛格丽特比萨出炉。

"姐姐，爷爷很快就会回来吧？"弟弟边吸鼻子边问。

"当然了，他一定很快就会回来。"

过了一会儿，弟弟又说："每次我和爷爷在烤箱前等食物出炉的时候，他都会教我一些有趣的数学知识。姐姐，你不教我点什么吗？"

"我不是不教……"我连忙在大脑里搜寻，希望能灵光一闪，想出一些有趣的东西来教他。菲洛待在一旁，用期待又担心的目光盯着我。

"我想到了，可以讲分形！就讲分形吧！"我忍不住大声问，"你知道什么是分形吗？"

"大概知道吧……是爷爷每次喂猫用的那种碎肉①吗？可是好像又不一样。"弟弟慢慢说完，想确定到底对不对。

"不，我说的不是给猫吃的碎肉，还好你不知道，这样，我就可以给你讲一些有趣的数学故事了。你等一下，我把设计图拿来。"我赶忙跑进房间，得意扬扬地抱着一叠绘有许多著名分形的图纸回来。

---

① 在意大利语中，分形和碎肉的读音相近。——编者注

"这是计算机画出来的分形设计图，之所以叫作分形，是因为它们周围都呈锯齿状。分形这个词来自拉丁文的'frangere'，有打碎、不规则的意思。比如说，拍打在防波堤上的浪花，或是爷爷喂猫时把肉切碎，等等。这个名称是法国著名的数学家曼德勃罗提出来的，他在19世纪六七十年代一直在研究分形。你看它们美不美啊？"

"美是美……"弟弟噘着嘴说，"不过我跟爷爷一样，不太喜欢抽象艺术，更欣赏比较容易懂的东西。"

"那我来告诉你分形到底是怎么画出来的。这样，万一你以后喜欢上了抽象艺术，什么形状都可以画出来。帮我把黑板拿来好不好？我们先画一个正三角形，然后把它打碎，就是说，把每一边三等分。我们把画出来的点连接在一起，就会得到一个同样大的正三角形。接着，在新图形的每一条边上重复同样的步骤，就会得到下面这些图形。"

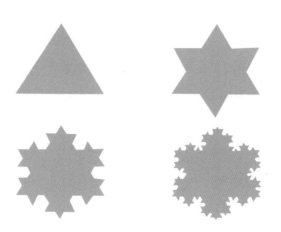

"哇，真的好漂亮，就像精致的雪花一样！可以这样一直画下去吗？"

"在我们的大脑中，是可以一直画下去的，但事实上，画到一定程度就不得不停下来了。

"我们不一定非要画三角形，也可以画正方形，或是正方形和三角形交替出现，甚至圆形或不规则形状都可以。不管最初是什么样，图形都会逐渐变化，重要的是，必须遵守一定的规律。这是一株用分形法画的树，虽然是用电脑做出来的，但最初的程序非常简单，只要在新的树枝上不断画出同样的树枝就可以了。

"新画上去的图形永远和最初的图形一样。如果把局部放大来看，还是跟整体的形状一样，因此分形具有自我相似的特性。大自然中最典型的例子就是蕨类植物。它们的叶片参差不齐，叶片尖端会长出小叶片，小叶片也是参差不齐的，上面又会长出新的叶片。

"除了蕨类植物外，大自然中还有许多分形，包括山峦、海岸线、层积云，甚至我们的血管，都可以看作分形，因为这些东西的局部都在不断重复整体的图形。

　　"过去，我们只是单纯欣赏这些图形，觉得看起来很有趣，现在逐渐发现，它们在解释或研究大自然中的现象时，扮演着重要的角色。"

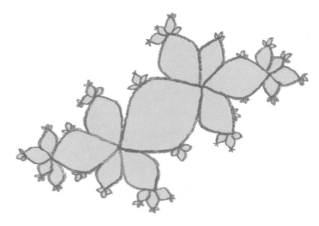

　　"你知道吗？"菲洛有点迟疑地说，"我偶尔也会在葛拉兹老师上课的时候，胡乱画一些类似分形的图案。或许有一天，我的画也能对某些研究有帮助呢。"

　　"没错！分形为数学注入了一股新鲜的空气。举例来说，假设有一种理想的分形，也就是图案不断重复的分形。如果它一直朝外扩展，直到很细小的程度仍可以清楚地看出原形，那么不管它变得多小，我们都可以确定，它依然会重复呈现出原来的形状。这对曼德勃罗或是其他的数学家来说，是一个重要的发现。过去，在数学家的眼里，理想中的线条是一维的，只有长度这个单一维度。可是，这种始终能维持原有形状的分形，还有一定的厚度。换句话说，虽然它们看起来是一维的，实际却是具备纵向与横向这两种维度的线条。因此，曼德勃罗必须重新思考线与平面之间新的几何学特征。"

烤箱的定时器发出"叮"的一声，我和弟弟都惊了一下。

"啊，比萨饼，我们的比萨饼！"菲洛高声喊道，立刻把分形丢到了一边，变身为经验丰富的大厨。他套上厚厚的大手套，像大饭店的主厨一样，把比萨饼从烤箱中拿出来。

"嗯，非常完美，跟爷爷做的完全一样！"菲洛充满自信地说。整个厨房弥漫着牛至①的香气，弟弟不再沮丧，我也跟着开心起来。

看着菲洛，我心想，在爷爷回来之前，我还是别再写东西，多花点心思研究怎么做菜好了。

①又称香薷，原产于欧洲，可作药用及调味料。——编者注

图书在版编目（CIP）数据

数学真好玩 ／（意）安娜·伽拉佐利文；（意）罗伯托·卢西亚尼图；段淳译. —— 2 版. —— 海口：南海出版公司，2019.11
ISBN 978-7-5442-9653-3

Ⅰ. ①数… Ⅱ. ①安… ②罗… ③段… Ⅲ. ①数学－少儿读物 Ⅳ. ① O1-49

中国版本图书馆 CIP 数据核字（2019）第 197893 号

著作权合同登记号　图字：30-2017-010
Original title: I magnifici dieci. L'avventura di un bambino nella matematica
For the original edition:
Texts by Anna Cerasoli
Illustrations by Roberto Luciani
Graphic design and layout by Studio Link (www.studio-link.it)
Copyright © 2011 Editoriale Scienza S.r.l., Firenze–Trieste
www.editiorialescienza.it
www.giunti.it
This edition arranged with GIUNTI GRUPPO EDITORIALE
through Big Apple Agency, Inc., Labuan, Malaysia.
Simplified Chinese edition copyright ©
2019 THINKINGDOM MEDIA GROUP LIMITED
All Rights Reserved.

数学真好玩

〔意〕安娜·伽拉佐利 文　〔意〕罗伯托·卢西亚尼 图
段淳 译

出　　版　南海出版公司　（0898）66568511
　　　　　海口市海秀中路51号星华大厦五楼　　邮编 570206
发　　行　新经典发行有限公司
　　　　　电话(010)68423599　　邮箱 editor@readinglife.com
经　　销　新华书店

责任编辑　秦　薇　侯明明
装帧设计　李照祥
内文制作　博远文化

印　　刷　北京盛通印刷股份有限公司
开　　本　889毫米×1194毫米　1/32
印　　张　6
字　　数　150千
版　　次　2017年7月第1版　2019年11月第2版
印　　次　2024年7月第25次印刷
书　　号　ISBN 978-7-5442-9653-3
定　　价　49.00元